崧燁文化

著

Wifi氣氛燈程式開發 (ESP32篇)

Using ESP32 to Develop a WIFI-Controlled
Hue Light Bulb (Smart Home Series)

自序

物聯網系列系列的書是我出版至今九年多，出書量也破百本大關，到今日最受歡迎的系列。當初出版電子書是希望能夠在教育界開一門 Maker 自造者相關的課程，沒想到一寫就已過九年，繁簡體加起來的出版數也已也破一百四十本的量，這些書都是我學習當一個 Maker 累積下來的成果。

這本書是運用 ESP32 開發板，因其功能強大、體積非常小，所以將此開發板開發氣氛燈泡，可以說是水到渠成，這樣的一個產品開發，可以說是我的書另一個里程碑，因為這樣的產品，在飛利浦開發出 Heu 燈泡時，其單價高得令人不敢親近，而這樣的技術更是物聯網技術中，智慧家居的必要核心產品。

筆著鑒於這樣的機緣，思考著『如何駭入眾人現有知識寶庫轉換為我的知識』的思維，如果我們可以駭入產品結構與設計思維，那麼了解產品的機構運作原理與方法就不是一件難事了。更進一步我們可以將原有產品改造、升級、創新，並可以將學習到的技術運用其他技術或新技術領域，透過這樣學習思維與方法，可以更快速的掌握研發與製造的核心技術，相信這樣的學習方式，會比起在已建構好的開發模組或學習套件中學習某個新技術或原理，來的更踏實的多。

目前許多學子在學習程式設計之時，恐怕最不能了解的問題是，我為何要寫九九乘法表、為何要寫遞迴程式，為何要寫成函式型式…等等疑問，只因為在學校的學子，學習程式是為了可以了解『撰寫程式』的邏輯，並訓練且建立如何運用程式邏輯的能力，解譯現實中面對的問題。然而現實中的問題往往太過於複雜，授課的老師無法有多餘的時間與資源去解釋現實中複雜問題，期望能將現實中複雜問題淬煉成邏輯上的思路，加以訓練學生其解題思路，但是眾多學子宥於現實問題的困惑，無法單純用純粹的解題思路來進行學習與訓練，反而以現實中的複雜來反駁老師教學太過學理，沒有實務上的應用為由，拒絕深入學習，這樣的情形，反而自己造成了學習上的障礙。

本系列的書籍，針對目前學習上的盲點，希望讀者當一位產品駭客，將現有產品的產品透過逆向工程的手法,進而了解核心控制系統之軟硬體,再透過簡單易學的 Arduino 單晶片與 C 語言,重新開發出原有產品,進而改進、加強、創新其原有產品固有思維與架構。如此一來,因為學子們進行『重新開發產品』過程之中,可以很有把握的了解自己正在進行什麼,對於學習過程之中,透過實務需求導引著開發過程,可以讓學子們讓實務產出與邏輯化思考產生關連,如此可以一掃過去陰霾,更踏實的進行學習。

這九年多以來的經驗分享,逐漸在這群學子身上看到發芽,開始成長,覺得 Maker 的教育方式,極有可能在未來成為教育的主流,相信我每日、每月、每年不斷的努力之下,未來 Maker 的教育、推廣、普及、成熟將指日可待。

本書乃是筆者出版:藍芽氣氛燈程式開發(智慧家庭篇) (Using Nano to Develop a Bluetooth-Control Hue Light Bulb (Smart Home Series))、Ameba 氣氛燈程式開發(智慧家庭篇):Using Ameba to Develop a Hue Light Bulb (Smart Home)、Ameba 8710 Wifi 氣氛燈硬體開發(智慧家庭篇) (Using Ameba 8710 to Develop a WIFI-Controled Hue Light Bulb (Smart Home Serise))、Pieceduino 氣氛燈程式開發(智慧家庭篇): Using Pieceduino to Develop a WIFI-Controled Hue Light Bulb (Smart Home Serise)四本書之後,集其大成的一本書,並使用 ESP32 無線高速晶片,並且承蒙慧手科技有限公司協助開發專用的 PCB 板與氣氛燈泡零件可以提供給使用者學習之用,需要的讀者可以參考作者介紹。

最後書撰寫期間,承蒙國立基隆高中楊志忠老師邀請筆者,於 2020 年 4 月 22 日與 4 月 29 日各開設二場教師研習課:物聯網實作課程-智慧家居之氣氛燈泡,並感謝主辦單位與參與老師與學員(參考附錄)。

也承蒙國立台中女子高級中學圖書館主任 張仕東老師邀請筆者,於 2020 年 5 月 12 日至該校開設一場教師研習課:夢幻燈-教師研習,並感謝主辦單位與參與老師與學員(參考附錄)。

曹永忠 於貓咪樂園

自序

記得自己在大學資訊工程系修習電子電路實驗的時候,自己對於設計與製作電路板是一點興趣也沒有,然後又沒有天分,所以那是苦不堪言的一堂課,還好當年有我同組的好同學,努力的照顧我,命令我做這做那,我不會的他就自己做,如此讓我解決了資訊工程學系課程中,我最不擅長的課。

當時資訊工程學系對於設計電子電路課程,大多數都是專攻軟體的學生去修習時,系上的用意應該是要大家軟硬兼修,尤其是在台灣這個大部分是硬體為主的產業環境,但是對於一個軟體設計,但是缺乏硬體專業訓練,或是對於眾多機械機構與機電整合原理不太有概念的人,在理解現代的許多機電整合設計時,學習上都會有很多的困擾與障礙,因為專精於軟體設計的人,不一定能很容易就懂機電控制設計與機電整合。懂得機電控制的人,也不一定知道軟體該如何運作,不同的機電控制或是軟體開發常常都會有不同的解決方法。

除非您很有各方面的天賦,或是在學校巧遇名師教導,否則通常不太容易能在機電控制與機電整合這方面自我學習,進而成為專業人員。

而自從有了 Arduino 這個平台後,上述的困擾就大部分迎刃而解了,因為 Arduino 這個平台讓你可以以不變應萬變,用一致性的平台,來做很多機電控制、機電整合學習,進而將軟體開發整合到機構設計之中,在這個機械、電子、電機、資訊、工程等整合領域,不失為一個很大的福音,尤其在創意掛帥的年代,能夠自己創新想法,從 Original Idea 到產品開發與整合能夠自己獨立完整設計出來,自己就能夠更容易完全了解與掌握核心技術與產業技術,整個開發過程必定可以提供思維上與實務上更多的收穫。

Arduino 平台引進台灣自今,雖然越來越多的書籍出版,但是從設計、開發、製作出一個完整產品並解析產品設計思維,這樣產品開發的書籍仍然鮮見,尤其是能夠從頭到尾,利用範例與理論解釋並重,完完整整的解說如何用 Arduino 設計出一個完整產品,介紹開發過程中,機電控制與軟體整合相關技術與範例,如此的書籍更是付之闕如。永忠、英德兄與敝人計畫撰寫 Maker 系列，就是基於這樣對市場需要的觀察，開發出這樣的書籍。

　　作者出版了許多的 Arduino 系列的書籍，深深覺的，基礎乃是最根本的實力，所以回到最基礎的地方，希望透過最基本的程式設計教學，來提供眾多的 Makers 在入門 Arduino 時，如何開始，如何攢寫自己的程式，進而介紹不同的週邊模組，主要的目的是希望學子可以學到如何使用這些週邊模組來設計程式，期望在未來產品開發時，可以更得心應手的使用這些週邊模組與感測器，更快將自己的想法實現，希望讀者可以了解與學習到作者寫書的初衷。

　　　　　　許智誠　　於中壢雙連坡中央大學 管理學院

自序

隨著資通技術(ICT)的進步與普及，取得資料不僅方便快速，傳播資訊的管道也多樣化與便利。然而，在網路搜尋到的資料卻越來越巨量，如何將在眾多的資料之中篩選出正確的資訊，進而萃取出您要的知識？如何獲得同時具廣度與深度的知識？如何一次就獲得最正確的知識？相信這些都是大家共同思考的問題。

為了解決這些困惱大家的問題，永忠、智誠兄與敝人計畫製作一系列「Maker系列」書籍來傳遞兼具廣度與深度的軟體開發知識，希望讀者能利用這些書籍迅速掌握正確知識。首先規劃「以一個 Maker 的觀點，找尋所有可用資源並整合相關技術，透過創意與逆向工程的技法進行設計與開發」的系列書籍，運用現有的產品或零件，透過駭入產品的逆向工程的手法，拆解後並重製其控制核心，並使用 Arduino 相關技術進行產品設計與開發等過程，讓電子、機械、電機、控制、軟體、工程進行跨領域的整合。

近年來 Arduino 異軍突起，在許多大學，甚至高中職、國中，甚至許多出社會的工程達人，都以 Arduino 為單晶片控制裝置，整合許多感測器、馬達、動力機構、手機、平板...等，開發出許多具創意的互動產品與數位藝術。由於 Arduino 的簡單、易用、價格合理、資源眾多，許多大專院校及社團都推出相關課程與研習機會來學習與推廣。

以往介紹 ICT 技術的書籍大部份以理論開始、為了深化開發與專業技術，往往忘記這些產品產品開發背後所需要的背景、動機、需求、環境因素等，讓讀者在學習之間，不容易了解當初開發這些產品的原始創意與想法，基於這樣的原因，一般人學起來特別感到吃力與迷惘。

本書為了讀者能夠深入了解產品開發的背景，本系列整合 Maker 的觀念與創意發想，深入產品技術核心，進而開發產品，只要讀者跟著本書一步一步研習與實作，在完成之際，回頭思考，就很容易了解開發產品的整體思維。透過這樣的思路，讀者就可以輕易地轉移學習經驗至其他相關的產品實作上。

所以本書是能夠自修的書，讀完後不僅能依據書本的實作說明準備材料來製作，盡情享受 DIY(Do It Yourself)的樂趣，還能了解其原理並推展至其他應用。有興趣的讀者可再利用書後的參考文獻繼續研讀相關資料。

　　本書的發行有新的創舉，就是以電子書型式發行，在國家圖書館(http://www.ncl.edu.tw/)、國立公共資訊圖書館 National Library of Public Information(http://www.nlpi.edu.tw/)、台灣雲端圖庫(http://www.ebookservice.tw/)等都可以閱讀，如要購買的讀者也可以到許多電子書網路商城、Google Books 與 Google Play 都可以購買之後下載與閱讀。希望讀者能珍惜機會閱讀及學習，繼續將知識與資訊傳播出去，讓有興趣的眾人都受益。希望這個拋磚引玉的舉動能讓更多人響應與跟進，一起共襄盛舉。

　　本書可能還有不盡完美之處，非常歡迎您的指教與建議。近期還將推出其他 Arduino 相關應用與實作的書籍，敬請期待。

　　最後，請您立刻行動翻書閱讀。

蔡英德 於台中沙鹿靜宜大學主顧樓

目 錄

物聯網系列

本書是『ESP 系列程式設計』之『智慧家庭篇氣氛燈泡』的第四本書，是筆者針對智慧家庭為主軸，進行開發各種智慧家庭產品之小小書系列，主要是給讀者熟悉使用 Arduino Compatiable 開發板：ESP32 開發板(網址：http://www.ESP32.com/)來開發氣氛燈泡之商業版雛型(ProtoTyping)，進而介紹這些產品衍伸出來的技術、程式攥寫技巧，以漸進式的方法介紹、使用方式、電路連接範例等等。

ESP32 開發板最強大的特點：他是完全 Arduino Compatiable 開發板，搭載Lenonard 相同的單晶片：ATmega32u4，並在板內加上無線模組:ESP8266 WiFiModule，無線網路涵蓋距離，在不外加天線之下，就可以到達 20 公尺，這對於家庭運用上，不只是足夠，還是遠遠超過其需求。

更重要的是它的簡單易學的開發工具,最強大的是它網路功能與簡單易學的模組函式庫，幾乎 Maker 想到應用於物聯網開發的東西，可以透過眾多的周邊模組，都可以輕易的將想要完成的東西用堆積木的方式快速建立，而且價格比原廠Arduino Yun 或 Arduino + Wifi Shield 更具優勢，最強大的是這些周邊模組對應的函式庫，瑞昱科技有專職的研發人員不斷的支持，讓 Maker 不需要具有深厚的電子、電機與電路能力，就可以輕易駕御這些模組。

所以本書要介紹台灣、中國、歐美等市面上最常見的智慧家庭產品，使用逆向工程的技巧，推敲出這些產品開發的可行性技巧，並以實作方式重作這些產品，讓讀者可以輕鬆學會這些產品開發的可行性技巧，進而提升各位 Maker 的實力，希望筆者可以推出更多的入門書籍給更多想要進入『ESP32 開發板』、『物聯網』這個未來大趨勢，所有才有這個物聯網系列的產生。

1
CHAPTER

開發板介紹

  ESP32 開發板是一系列低成本，低功耗的單晶片微控制器，相較上一代晶片 ESP8266，ESP32 開發板 有更多的記憶體空間供使用者使用，且有更多的 I/O 口可供開發，整合了 Wi-Fi 和雙模藍牙。 ESP32 系列採用 Tensilica Xtensa LX6 微處理器，包括雙核心和單核變體，內建天線開關，RF 變換器，功率放大器，低雜訊接收放大器，濾波器和電源管理模組。

  樂鑫（Espressif）1於 2015 年 11 月宣佈 ESP32 系列物聯網晶片開始 Beta Test，預計 ESP32 晶片將在 2016 年實現量產。如下圖所示，ESP32 開發板整合了 801.11 b/g/n/i Wi-Fi 和低功耗藍牙 4.2（Buletooth / BLE 4.2） ，搭配雙核 32 位 Tensilica LX6 MCU，最高主頻可達 240MHz，計算能力高達 600DMIPS，可以直接傳送視頻資料，且具備低功耗等多種睡眠模式供不同的物聯網應用場景使用。

圖 1 ESP32 Devkit 開發板正反面一覽圖

ESP32 特色：

---

1 https://www.espressif.com/zh-hans/products/hardware/esp-wroom-32/overview

- 雙核心 Tensilica 32 位元 LX6 微處理器

- 高達 240 MHz 時脈頻率

- 520 kB 內部 SRAM

- 28 個 GPIO

- 硬體加速加密（AES、SHA2、ECC、RSA-4096）

- 整合式 802.11 b/g/n Wi-Fi 收發器

- 整合式雙模藍牙（傳統和 BLE）

- 支援 10 個電極電容式觸控

- 4 MB 快閃記憶體

資料來源：https://www.botsheet.com/cht/shop/esp-wroom-32/

ESP32 規格：
- 尺寸：55*28*12mm(如下圖所示)

- 重量：9.6g

- 型號：ESP-WROOM-32

- 連接：Micro-USB

- 芯片：ESP-32

- 無線網絡：802.11 b/g/n/e/i

- 工作模式：支援 STA / AP / STA+AP

- 工作電壓：2.2 V 至 3.6 V

- 藍牙：藍牙 v4.2 BR/EDR 和低功耗藍牙（BLE、BT4.0、Bluetooth Smart）

- USB 芯片：CP2102

- GPIO：28 個

- 存儲容量：4Mbytes

- 記憶體：520kBytes

資料來源：https://www.botsheet.com/cht/shop/esp-wroom-32/

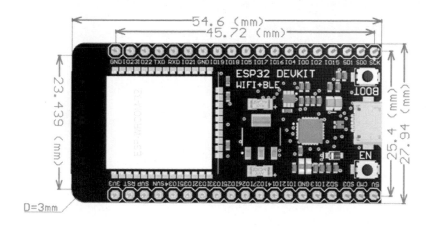

圖 2 ESP32 Devkit 開發板尺寸圖

ESP32 WROOM

ESP-WROOM-32 開發板具有 3.3V 穩壓器，可降低輸入電壓，為 ESP32 開發板供電。它還附帶一個 CP2102 晶片(如下圖所示)，允許 ESP32 開發板與電腦連接後，可以再程式編輯、編譯後，直接透過串列埠傳輸程式，進而燒錄到 ESP32 開發板，無須額外的下載器。

圖 3 ESP32 Devkit CP2102 Chip 圖

ESP32 的功能[2]包括以下內容：

■　處理器：

   ◆　CPU: Xtensa 雙核心 (或者單核心) 32 位元 LX6 微處理器, 工作時脈 160/240 MHz, 運算能力高達 600 DMIPS

■　記憶體：

   ◆　448 KB ROM (64KB+384KB)

   ◆　520 KB SRAM

   ◆　16 KB RTC SRAM,SRAM 分為兩種

      ●　第一部分 8 KB RTC SRAM 為慢速儲存器,可以在 Deep-sleep 模式下被次處理器存取

      ●　第二部分 8 KB RTC SRAM 為快速儲存器,可以在 Deep-sleep 模式下 RTC 啓動時用於資料儲存以及 被主 CPU 存取。

   ◆　1 Kbit 的 eFuse，其中 256 bit 為系統專用（MAC 位址和晶片設定）；其餘 768 bit 保留給用戶應用，這些 應用包括 Flash 加密和晶片 ID。

   ◆　QSPI 支援多個快閃記憶體/SRAM

   ◆　可使用 SPI 儲存器 對映到外部記憶體空間，部分儲存器可做為外部儲存器的 Cache

      ●　最大支援 16 MB 外部 SPI Flash

      ●　最大支援 8 MB 外部 SPI SRAM

■　無線傳輸：

   ◆　Wi-Fi: 802.11 b/g/n

   ◆　藍芽: v4.2 BR/EDR/BLE

---

[2] https://www.espressif.com/zh-hans/products/hardware/esp32-devkitc/overview

- 外部介面：
  - 34 個 GPIO
  - 12-bit SAR ADC ，多達 18 個通道
  - 2 個 8 位元 D/A 轉換器
  - 10 個觸控感應器
  - 4 個 SPI
  - 2 個 I2S
  - 2 個 I2C
  - 3 個 UART
  - 1 個 Host SD/eMMC/SDIO
  - 1 個 Slave SDIO/SPI
  - 帶有專用 DMA 的乙太網路介面,支援 IEEE 1588
  - CAN 2.0
  - 紅外線傳輸
  - 電機 PWM
  - LED PWM, 多達 16 個通道
  - 霍爾感應器
- 定址空間
  - 對稱定址對映
  - 資料匯流排與指令匯流排分別可定址到 4GB(32bit)
  - 1296 KB 晶片記憶體取定址
  - 19704 KB 外部存取定址
  - 512 KB 外部位址空間
  - 部分儲存器可以被資料匯流排存取也可以被指令匯流排存取
- 安全機制
  - 安全啟動

◆ Flash ROM 加密

◆ 1024 bit OTP, 使用者可用高達 768 bit

◆ 硬體加密加速器

- AES

- Hash (SHA-2)

- RSA

- ECC

- 亂數產生器 (RNG)

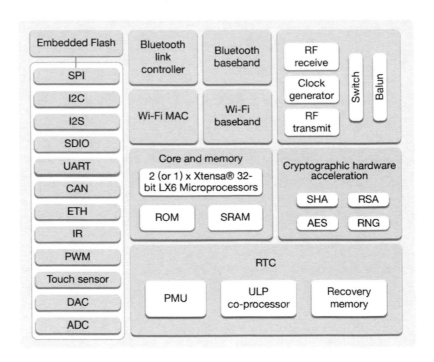

圖 4 ESP32　Function BlockDiagram

NodeMCU-32S Lua WiFi 物聯網開發板

NodeMCU-32S Lua WiFi 物聯網開發板是 WiFi+ 藍牙 4.2+ BLE /雙核 CPU 的開發板(如下圖所示)，低成本的 WiFi+藍牙模組是一個開放源始碼的物聯網平台。

圖 5 NodeMCU-32S Lua WiFi 物聯網開發板

NodeMCU-32S Lua WiFi 物聯網開發板也支持使用 Lua 腳本語言編程，NodeMCU-32S Lua WiFi 物聯網開發板之開發平台基於 eLua 開源項目，例如 lua-cjson, spiffs.。NodeMCU-32S Lua WiFi 物聯網開發板是上海 Espressif 研發的 WiFi+藍牙芯片，旨在為嵌入式系統開發的產品提供網際網絡的功能。

NodeMCU-32S Lua WiFi 物聯網開發板模組核心處理器 ESP32 晶片提供了一套完整的 802.11 b/g/n/e/i 無線網路（WLAN）和藍牙 4.2 解決方案，具有最小物理尺寸。

NodeMCU-32S Lua WiFi 物聯網開發板專為低功耗和行動消費電子設備、可穿戴和物聯網設備而設計，NodeMCU-32S Lua WiFi 物聯網開發板整合了 WLAN 和藍牙的所有功能，NodeMCU-32S Lua WiFi 物聯網開發板同時提供了一個開放原始碼的平台，支持使用者自定義功能，用於不同的應用場景。

NodeMCU-32S Lua WiFi 物聯網開發板 完全符合 WiFi 802.11b/g/n/e/i 和藍牙 4.2 的標準，整合了 WiFi/藍牙/BLE 無線射頻和低功耗技術，並且支持開放性的 RealTime 作業系統 RTOS。

NodeMCU-32S Lua WiFi 物聯網開發板具有 3.3V 穩壓器，可降低輸入電壓，為

NodeMCU-32S Lua WiFi 物聯網開發板供電。它還附帶一個 CP2102 晶片(如下圖所示)，允許 ESP32 開發板與電腦連接後，可以再程式編輯、編譯後，直接透過串列埠傳輸程式，進而燒錄到 ESP32 開發板，無須額外的下載器。

圖 6 ESP32 Devkit CP2102 Chip 圖

NodeMCU-32S Lua WiFi 物聯網開發板的功能 包括以下內容：

● 商品特色：

◆ WiFi+藍牙 4.2+BLE

◆ 雙核 CPU

◆ 能夠像 Arduino 一樣操作硬件 IO

◆ 用 Nodejs 類似語法寫網絡應用

● 商品規格：

◆ 尺寸：49*25*14mm

◆ 重量：10g

◆ 品牌：Ai-Thinker

◆ 芯片：ESP-32

◆ Wifi：802.11 b/g/n/e/i

- ◆ Bluetooth：BR/EDR+BLE

- ◆ CPU：Xtensa 32-bit LX6 雙核芯

- ◆ RAM：520KBytes

- ◆ 電源輸入：2.3V~3.6V

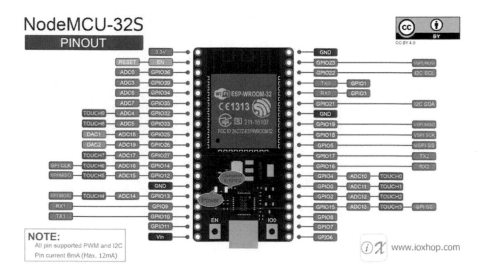

圖 7 ESP32S ESP32S 腳位圖

Arduino 開發 IDE 安裝

首先我們先進入到 Arduino 官方網站的下載頁面(Download the Arduino IDE)：http://arduino.cc/en/Main/Software：

圖 8 Arduino IDE 開發軟體下載區

　　Arduino 的開發環境，有 Windows、Mac OS X、Linux 版本。本範例以 Windows 版本作為範例，請頁面下方點選「Windows Installer」下載 Windows 版本的開發環境。

　　如下圖所示，我們下載最新版 ARDUINO 開發工具：

圖 9 下載最新版 ARDUINO 開發工具

　　目前筆者寫書階段下載版本檔名為「arduino-1.8.11-windows.exe」

圖 10 下載 ARDUINO 開發工具

下載完成後，請將下載檔案點擊兩下執行，出現如下畫面：

(a).直接點選下載圖示

(b).使用檔案總管點選下載檔案

圖 11 下點選下載檔案

如下圖所示,進入開始安裝畫面:

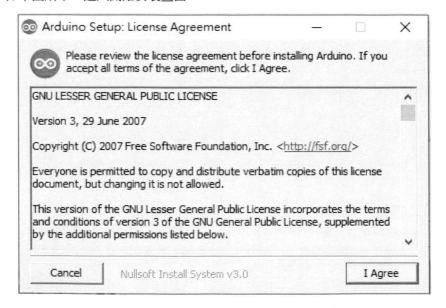

圖 12 開始安裝

如下圖所示,點選「I Agree」後出現如下選擇安裝元件畫面:

圖 13 選擇安裝元件

如下圖所示，點選「Next>」後出現如下選擇安裝目錄畫面：

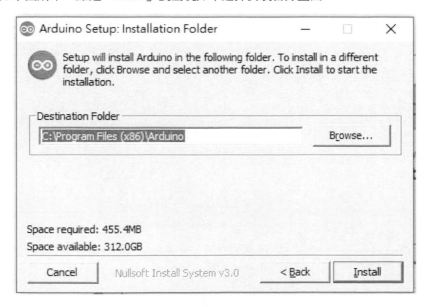

圖 14 選擇安裝目錄

如下圖所示，選擇檔案儲存位置後，點選「Install」進行安裝，出現如下畫面：

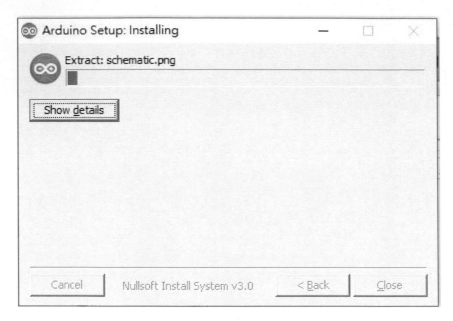

圖 15 安裝進行中

如下圖所示，安裝到一半時，會出現詢問是否要安裝 Arduino USB Driver(Arduino LLC)的畫面，請點選「安裝(I)」。

圖 16 詢問是否安裝 Arduino USB Driver

如下圖所示，安裝系統就會安裝 Arduino USB 驅動程式。

圖 17 安裝 Arduino USB 驅動程式

如下圖所示，安裝完成後，出現如下畫面，點選「Close」。

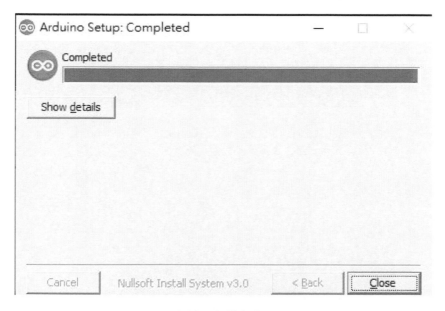

圖 18 安裝完成

如下圖所示，桌布上會出現 的圖示，您可以點選該圖示執行 Arduino
Sketch 程式。

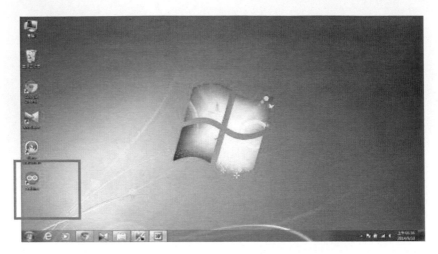

圖 19 點選 Arduino Sketch 程式圖示

如下圖所示，您會進入到 Arduino 的軟體開發環境的介面。

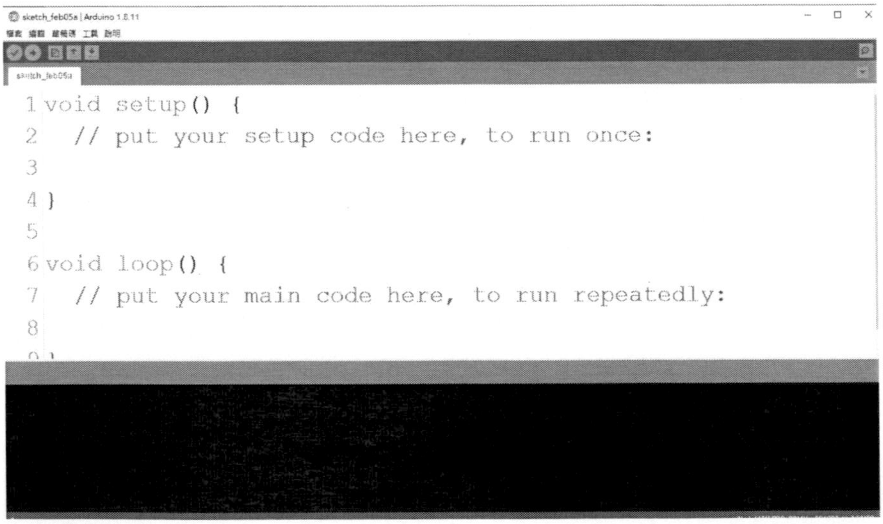

```
void setup() {
  // put your setup code here, to run once:

}

void loop() {
  // put your main code here, to run repeatedly:

}
```

圖 20Arduino 的軟體開發環境的介面

以下介紹工具列下方各按鈕的功能：

☑	Verify 按鈕	進行編譯，驗證程式是否正常運作。
⊕	Upload 按鈕	進行上傳，從電腦把程式上傳到 Arduino 板子裡。
▤	New 按鈕	新增檔案
⬆	Open 按鈕	開啟檔案，可開啟內建的程式檔或其他檔案。
⬇	Save 按鈕	儲存檔案

如下圖所示，您可以切換 Arduino Sketch 介面語言，我們先進入進

入 Preference 選項。

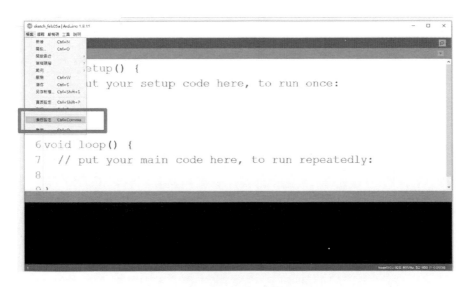

圖 21 進入 Preference 選項

如下圖所示，出現 Preference 選項畫面。

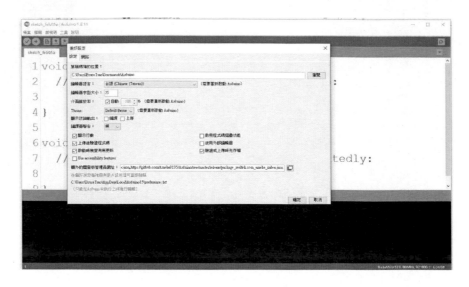

圖 22Preference 選項畫面

如下圖所示，可切換到您想要的介面語言(如繁體中文)。

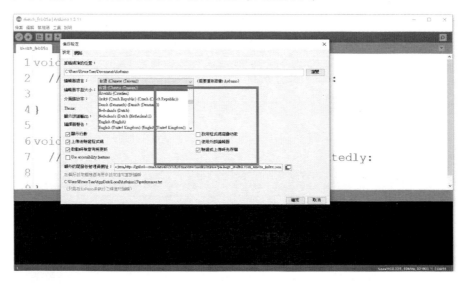

圖 23 切換到您想要的介面語言

如下圖所示，按下「OK」，確定切換繁體中文介面語言。

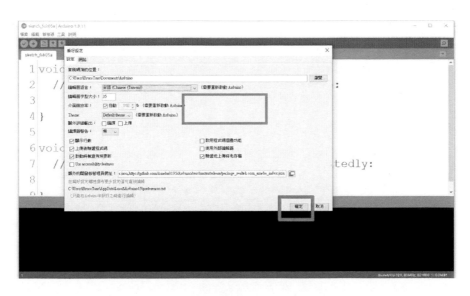

圖 24 確定切換繁體中文介面語言

如下圖所示，按下「結束按鈕」，結束 Arduino Sketch 程式，並重新開啟 Arduino Sketch 程式。

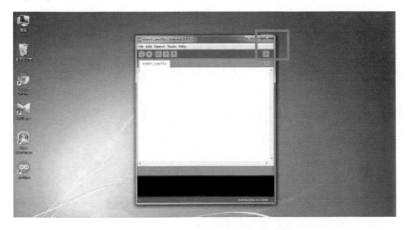

圖 25 點選結束按鈕

如下圖所示，可以發現 Arduino Sketch 程式介面語言已經變成繁體中文介面了。

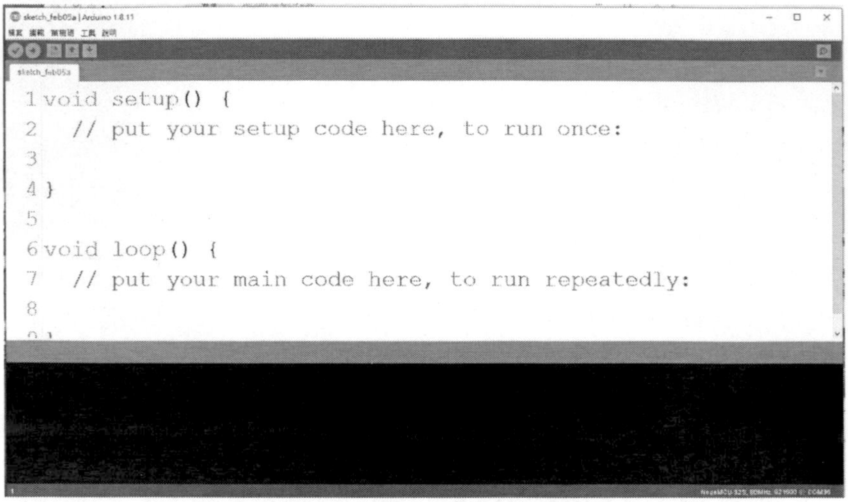

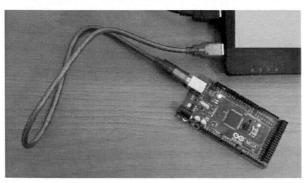

sketch_feb05a | Arduino 1.8.11
sketch_feb05a
1 void setup() {
2   // put your setup code here, to run once:
3
4 }
5
6 void loop() {
7   // put your main code here, to run repeatedly:
8

圖 26 繁體中文介面 Arduino Sketch 程式

安裝 Arduino 開發板的 USB 驅動程式

以 Mega2560 作為範例

如下圖所示， 將 Mega2560 開發板透過 USB 連接線接上電腦。

圖 27 USB 連接線連上開發板與電腦

如下圖所示，到剛剛解壓縮完後開啟的資料夾中，點選「drivers」資料夾並進入。

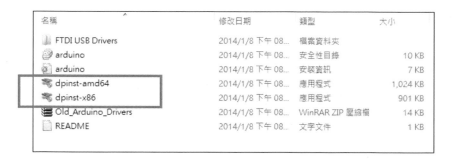

名稱	修改日期	類型	大小
drivers	2014/1/8 下午 08...	檔案資料夾	
examples	2014/1/8 下午 08...	檔案資料夾	
hardware	2014/1/8 下午 08...	檔案資料夾	
java	2014/1/8 下午 08...	檔案資料夾	
lib	2014/1/8 下午 08...	檔案資料夾	
libraries	2014/1/8 下午 08...	檔案資料夾	
reference	2014/1/8 下午 08...	檔案資料夾	
tools	2014/1/8 下午 08...	檔案資料夾	
arduino	2014/1/8 下午 08...	應用程式	840 KB
cygiconv-2.dll	2014/1/8 下午 08...	應用程式擴充	947 KB
cygwin1.dll	2014/1/8 下午 08...	應用程式擴充	1,829 KB
libusb0.dll	2014/1/8 下午 08...	應用程式擴充	43 KB
revisions	2014/1/8 下午 08...	文字文件	38 KB
rxtxSerial.dll	2014/1/8 下午 08...	應用程式擴充	76 KB

圖 28 Arduino IDE 開發軟體下載區

如下圖所示，依照不同位元的作業系統，進行開發板的 USB 驅動程式的安裝。
32 位元的作業系統使用 dpinst-x86.exe， 64 位元的作業系統使用 dpinst-amd64.exe。

名稱	修改日期	類型	大小
FTDI USB Drivers	2014/1/8 下午 08...	檔案資料夾	
arduino	2014/1/8 下午 08...	安全性目錄	10 KB
arduino	2014/1/8 下午 08...	安裝資訊	7 KB
dpinst-amd64	2014/1/8 下午 08...	應用程式	1,024 KB
dpinst-x86	2014/1/8 下午 08...	應用程式	901 KB
Old_Arduino_Drivers	2014/1/8 下午 08...	WinRAR ZIP 壓縮檔	14 KB
README	2014/1/8 下午 08...	文字文件	1 KB

圖 29 Arduino IDE 開發軟體下載區

如下圖所示，以 64 位元的作業系統作為範例，點選 dpinst-amd64.exe，會出現
如下畫面：

圖 30 Arduino IDE 開發軟體下載區

　　如下圖所示，點選「下一步」，程式會進行安裝。完成後出現如下畫面，並點選「完成」。

圖 31 Arduino IDE 開發軟體下載區

如下圖所示，您可至 Arduino 開發環境中工具列「工具」中的「序列埠」看到多出一個 COM，即完成開發板的 USB 驅動程式的設定。

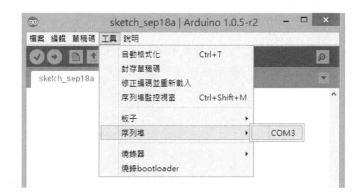

圖 32 Arduino IDE 開發軟體下載區

如下圖所示，可至電腦的裝置管理員中，看到連接埠中出現 Arduino Mega 2560 的 COM3，即完成開發板的 USB 驅動程式的設定。

圖 33 Arduino IDE 開發軟體下載區

如下圖所示，到工具列「工具」中的「板子」設定您所用的開發板。

圖 34 Arduino IDE 開發軟體下載區

※您可連接多塊 Arduino 開發板至電腦，但工具列中「板子」中的 Board 需與「序列埠」對應。

如下圖所示，修改 IDE 開發環境個人喜好設定 :(存檔路徑、語言、字型)

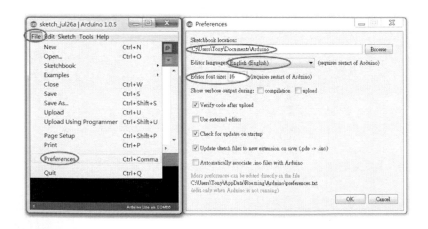

圖 35 IDE 開發環境個人喜好設定

安裝 ESP 開發板的 CP210X 晶片 USB 驅動程式

如下圖所示，將 ESP32 開發板透過 USB 連接線接上電腦。

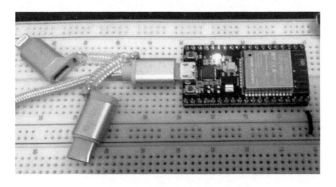

圖 36 USB 連接線連上開發板與電腦

如下圖所示，請到 SILICON LABS 的網頁，網址：

https://www.silabs.com/products/development-tools/software/usb-to-uart-bridge-vcp-drivers

，去下載 CP210X 的驅動程式，下載以後將其解壓縮並且安裝，因為開發板上連接 USB Port 還有 ESP32 模組全靠這顆晶片當作傳輸媒介。

圖 37 SILICON LABS 的網頁

如下圖所示，讀者請依照您個人作業系統版本，下載對應 CP210X 的驅動程式，筆者是 Windows 10 64 位元作業系統，所以下載 Windows 10 的版本。

圖 38 下載合適驅動程式版本

如下圖所示，選擇下載檔案儲存目錄儲存下載對應 CP210X 的驅動程式。

圖 39 選擇下載檔案儲存目錄

如下圖所示，先點選下圖左邊紅框之下載之 CP210X 的驅動程式，解開壓縮檔後，再點選下圖右邊紅框之『CP210xVCPInstaller_x64.exe』，進行安裝 CP2102 的驅動程式(尤濬哲, 2019)。

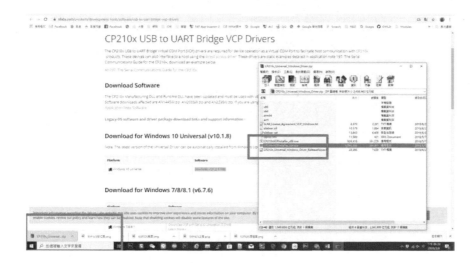

圖 40 安裝驅動程式

如下圖所示，開始安裝驅動程式。

圖 41 開始安裝驅動程式

如下圖所示，完成安裝驅動程式。

圖 42 完成安裝驅動程式

如下圖所示,請讀者打開控制台內的打開裝置管理員。

圖 43 打開裝置管理員

如下圖所示，打開連接埠選項。

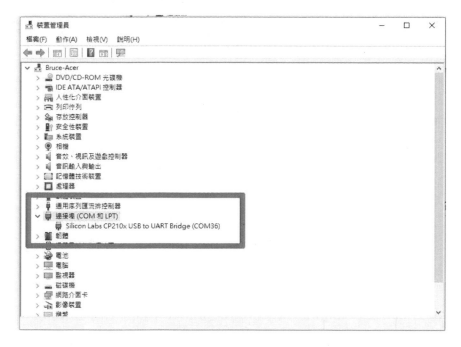

圖 44 打開連接埠選項

如下圖所示，我們可以看到已安裝驅動程式，筆者是 Silicon Labs CP210x USB to UART Bridge (Com36)，讀者請依照您個人裝置，其：Silicon Labs CP210x USB to UART Bridge (Com<u>XX</u>)，其 <u>XX</u> 會根據讀者個人裝置有所不同。

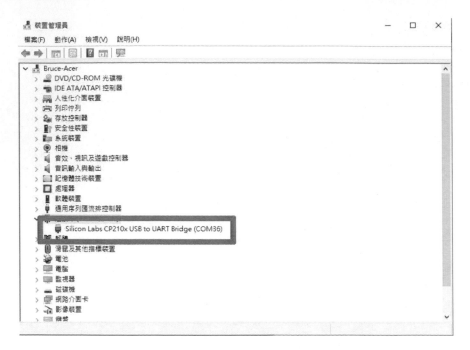

圖 45 已安裝驅動程式

如上圖所示，我們已完成安裝 ESP 開發板的 CP210X 晶片 USB 驅動程式。

安裝 ESP32 Arduino 整合開發環境

首 先 我 們 先 進 入 到 Arduino 官 方 網 站 的 下 載 頁 面 ：
http://arduino.cc/en/Main/Software：

圖 46 Arduino IDE 開發軟體下載區

Arduino 的開發環境，有 Windows、Mac OS X、Linux 版本。本範例以 Windows 版本作為範例，請頁面下方點選「Windows Installer」下載 Windows 版本的開發環境。

如下圖所示，我們下載最新版 ARDUINO 開發工具：

圖 47 下載最新版 ARDUINO 開發工具

下載之後，請參閱本書之『Arduino 開發 IDE 安裝』，完成 Arduino 開發 IDE 之 Sketch 開發工具安裝，如下圖所示，已安裝好安裝好之 Arduino 開發 IDE。

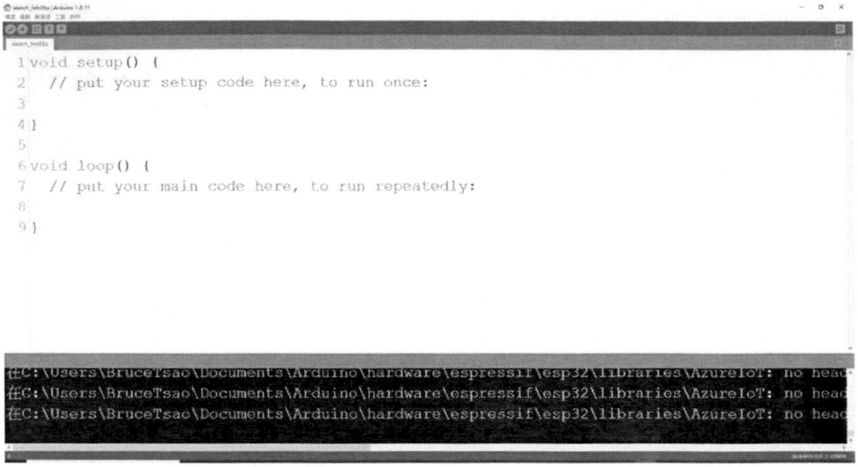

圖 48 安裝好之 Arduino 開發 IDE

如下圖所示，我們先點選下圖之上面第一個紅框，點選『檔案』，接下來再點選下圖之上面第二個紅框，點選『偏好設定』。

圖 49 開啟偏好設定

如下圖所示，我們可以看到偏好設定主畫面。

圖 50 偏好設定主畫面

如下圖所示，我們點選下圖紅框處，打開點選額外開發板管員理網址。

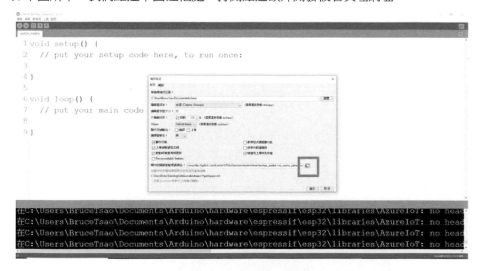

圖 51 點選額外開發板管員理網址

如下圖所示，出現空白框讓您輸入額外開發板管員理網址。

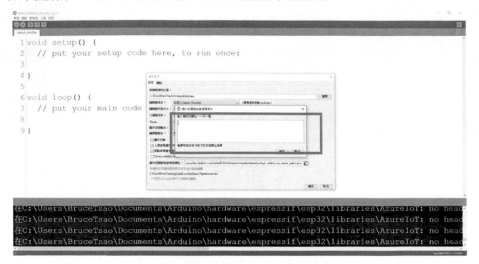

圖 52 出現空白框

如下圖所示，請輸入輸入 ESP32 擴充網址：

https://dl.espressif.com/dl/package_esp32_index.json，將之輸入再輸入框，如果讀者您

的輸入框已經已有其他資料，請將資料輸入再最上面一列(尤濬哲, 2019)。

圖 53 輸入 ESP32 擴充網址

如下圖所示，點選下圖之紅框，完成 ESP32 擴充網址輸入。

圖 54 完成 ESP32 擴充網址輸入

如下圖所示，我們發現 ESP32 擴充網址：

https://dl.espressif.com/dl/package_esp32_index.json，已在下圖左邊紅框處，請

再按下右邊紅框處，完成偏好設定。

圖 55 完成偏好設定

如下圖所示，我們已回到 Arduino 開發 IDE 之主畫面。

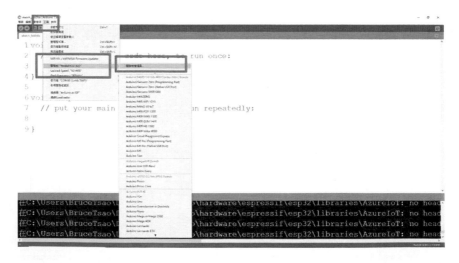

圖 56 回到主畫面

　　如下圖所示，請先點選下圖由上往下第一個紅框處：『工具』，再點選下圖由上
往下第二個紅框處：『開發板』，最後點選下圖由上往下第二列右邊的紅框處：『開
發板管理員』，打開開發板管理員。

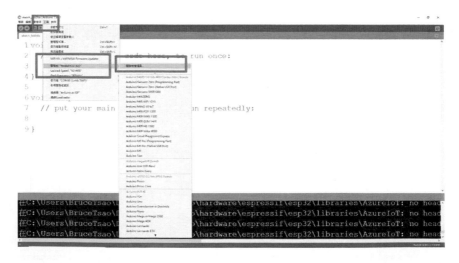

圖 57 點選開發板管理員

如下圖所示，我們可以看到開發板管理員主畫面。

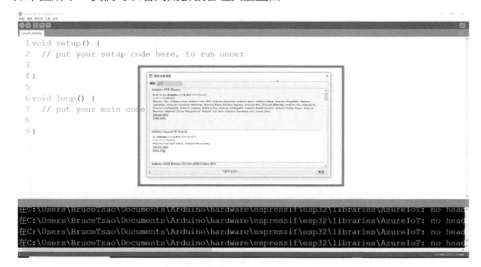

圖 58 開發板管理員主畫面

如下圖所示，我們可以看到下圖紅框處：可以輸入我們要搜尋的開發板名稱。

圖 59 開發板搜尋處

如下圖所示，請再下圖紅框處：輸入『ESP32』，再按下『enter』鍵。

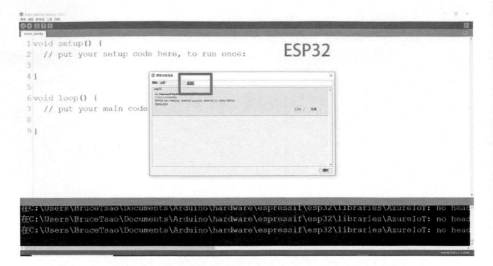

圖 60 輸入 ESP32

如下圖所示，如下圖紅框處：出現可安裝之 ESP32 開發板程式。

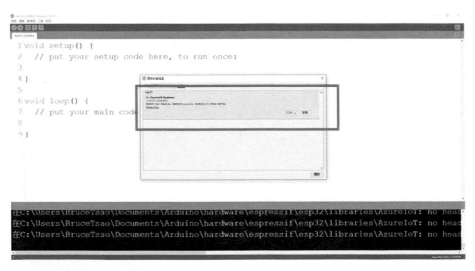

圖 61 出現可安裝之 ESP32 開發板

如下圖所示，請先點選下圖紅框處：我們可以查看可安裝版本。

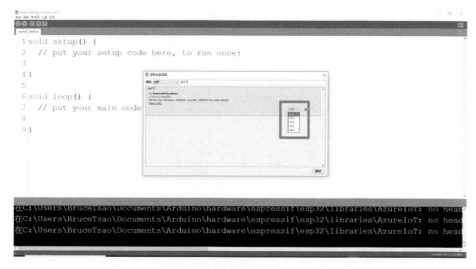

圖 62 查看可安裝版本

如下圖所示，我們點選下圖紅框處，安裝最新版本。

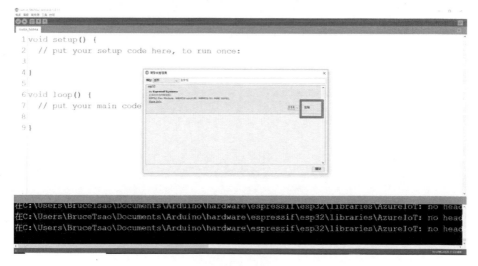

圖 63 安裝最新版本

如下圖所示，開始安裝 ESP32 開發板程式中。

圖 64 安裝 ESP32 開發板程式中

　　如下圖所示，如果看到 ESP32 開發板程式，其紅框處之『安裝』已經反白或無法點選，則代表我們已經成功安裝 ESP32 開發板程式。

圖 65 完成安裝 ESP32 開發板程式

如下圖所示，我們點選下圖之紅框，離開開發板管理員。

圖 66 離開開發板管理員

如下圖所示，我們回到 Arduino 開發 IDE 之主畫面。

圖 67 Arduino 開發 IDE 之主畫面

如下圖所示，請先點選下圖由上往下第一個紅框處：『工具』，再點選下圖由上往下第二個紅框處：『開發板』，最後再下圖右邊大紅框中選擇大紅框內的小紅框處：『NodeMCU-32S』，如果找不到，可以用滑鼠的滾輪上下捲動，或是點選下圖右邊大紅框中上下邊緣的三角形進行上下捲動，找到您要選擇的開發板。

筆者是選擇『NodeMCU-32S』，為選擇 NodeMCU-32S Lua WiFi 物聯網開發板。

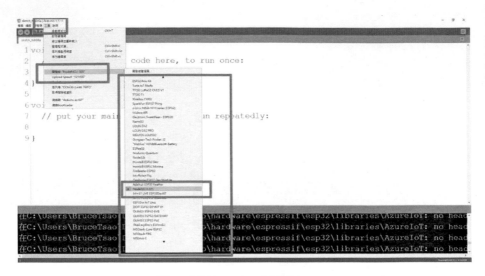

圖 68 選擇 ESP32S 開發板

如下圖所示，請先點選下圖由上往下第一個紅框處：『工具』，再點選下圖由上往下第二個紅框處：『通訊埠』，最後再下圖右邊紅框中，選擇您開發板的通訊埠，如果找不到，請讀者再查閱本書『安裝 ESP 開發板的 CP210X 晶片 USB 驅動程式』內容，即可了解安裝開發板之通訊埠為何。

圖 69 設定 ESP32S 開發板通訊埠

如下圖所示，我們完成完成 ESP32S 開發板設定。

圖 70 完成 ESP32S 開發板設定

如上圖所示，我們完成 ESP32S 開發板設定，就可以開始本書所有的 ESP32S
開發板程式燒錄的工作了。

章節小結

本章主要介紹之 ESP 32 開發板介紹，至於開發環境安裝與設定，請讀者參閱『ESP32 程式設計(基礎篇):ESP32 IOT Programming (Basic Concept & Tricks)』一書(曹永忠, 2020a, 2020b)、ESP32S 程式教學(常用模組篇):ESP32 IOT Programming (37 Modules)(曹永忠, 張程, 鄭昊緣, 楊柳姿, & 楊楠, 2020)、ESP32 程式設計(物聯網基礎篇:ESP32 IOT Programming (An Introduction to Internet of Thing)(曹永忠, 蔡英德, 許智誠, 鄭昊緣, & 張程, 2020)，透過本章節的解說，相信讀者會對 ESP 32 開發板認識，有更深入的了解與體認。

CHAPTER

控制 LED 燈泡

控制 LED 發光二極體

本章主要是教導讀者可以如何使用發光二極體來發光，進而使用全彩的發光二極體來產生各類的顏色，由維基百科[3]中得知：發光二極體（英語：Light-emitting diode，縮寫：LED）是一種能發光的半導體電子元件，透過三價與五價元素所組成的複合光源。此種電子元件早在 1962 年出現，早期只能夠發出低光度的紅光，被惠普買下專利後當作指示燈利用。及後發展出其他單色光的版本，時至今日，能夠發出的光已經遍及可見光、紅外線及紫外線，光度亦提高到相當高的程度。用途由初時的指示燈及顯示板等；隨著白光發光二極體的出現，近年逐漸發展至被普遍用作照明用途(維基百科, 2016)。

發光二極體只能夠往一個方向導通（通電），叫作順向偏壓，當電流流過時，電子與電洞在其內重合而發出單色光，這叫電致發光效應，而光線的波長、顏色跟其所採用的半導體物料種類與故意摻入的元素雜質有關。具有效率高、壽命長、不易破損、反應速度快、可靠性高等傳統光源不及的優點。白光 LED 的發光效率近年有所進步；每千流明成本，也因為大量的資金投入使價格下降，但成本仍遠高於其他的傳統照明。雖然如此，近年仍然越來越多被用在照明用途上(維基百科, 2016)。

讀者可以在市面上，非常容易取得發光二極體，價格、顏色應有盡有，可於一般電子材料行、電器行或網際網路上的網路商城、雅虎拍賣(https://tw.bid.yahoo.com/)、露天拍賣(http://www.ruten.com.tw/)、PChome 線上購物(http://shopping.pchome.com.tw/)、PCHOME 商店街(http://www.pcstore.com.tw/)...等等，購買到發光二極體。

---

[3] 維基百科由非營利組織維基媒體基金會運作，維基媒體基金會是在美國佛羅里達州登記的 501(c)(3)免稅、非營利、慈善機構(https://zh.wikipedia.org/)

發光二極體

如下圖所示，筆者可以購買您喜歡的發光二極體，來當作第一次的實驗。

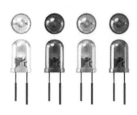

圖 71 發光二極體

如下圖所示，筆者可以在維基百科中，找到發光二極體的組成元件圖(維基百科, 2016)。

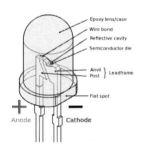

圖 72 發光二極體內部結構

資料來源:Wiki

https://zh.wikipedia.org/wiki/%E7%99%BC%E5%85%89%E4%BA%8C%E6%A5%B5%E7%AE%A1(維基百科, 2016)

控制發光二極體發光

如下圖所示，這個實驗筆者需要用到的實驗硬體有下圖.(a)的 ESP 32 開發板、下圖.(b) MicroUSB 下載線、下圖.(c)發光二極體、下圖.(d) 220 歐姆電阻：

(a). NodeMCU 32S開發板　　　　　(b). MicroUSB 下載線

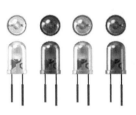

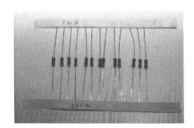

(c). 發光二極體　　　　　　　(d).220歐姆電阻

圖 73 控制發光二極體發光所需材料表

讀者可以參考下圖所示之控制發光二極體發光連接電路圖，進行電路組立。

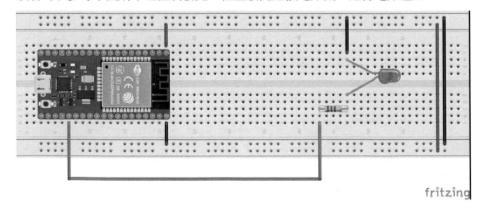

圖 74 控制發光二極體發光連接電路圖

讀者也可以參考下表之控制發光二極體發光接腳表，進行電路組立。

表 1 控制發光二極體發光接腳表

接腳	接腳說明	開發板接腳
1	麵包板 Vcc(紅線)	接電源正極(5V)
2	麵包板 GND(藍線)	接電源負極
3	220 歐姆電阻 A 端	開發板 GPIO2
4	220 歐姆電阻 B 端	LED 發光二極體(正極端)
5	LED 發光二極體(正極端)	220 歐姆電阻 B 端
6	LED 發光二極體(負極端)	麵包板 GND(藍線)

筆者遵照前幾章所述,將 ESP 32 開發板的驅動程式安裝好之後,筆者打開 ESP 32 開發板的開發工具:Sketch IDE 整合開發軟體(安裝 Arduino 開發環境,請參考『ESP32 程式設計(基礎篇):ESP32 IOT Programming (Basic Concept & Tricks)』之『Arduino 開發 IDE 安裝』(曹永忠, 2020a, 2020b, 2020g),安裝 ESP 32 開發板 SDK 請參考『ESP32 程式設計(基礎篇):ESP32 IOT Programming (Basic Concept & Tricks)』之『安裝 ESP32 Arduino 整合開發環境』(曹永忠, 2020a, 2020b, 2020c, 2020f)),編寫一段程式,,如下表所示之控制發光二極體測試程式,控制發光二極體明滅測試(曹永忠, 2016; 曹永忠, 吳佳駿, 許智誠, & 蔡英德, 2016a, 2016b, 2016c, 2016d, 2017a, 2017b, 2017c; 曹永忠, 許智誠, & 蔡英德, 2015c, 2015f, 2015g, 2015h, 2016c, 2016d; 曹永忠, 郭晉魁, 吳佳駿, 許智誠, & 蔡英德, 2016, 2017)。

表 2 控制發光二極體測試程式

控制發光二極體測試程式(Blink)

```
// the setup function runs once when you press reset or power the board
void setup() {
  // initialize digital pin LED_BUILTIN as an output.
  pinMode(2, OUTPUT);
}

// the loop function runs over and over again forever
void loop() {
  digitalWrite(2, HIGH);     // turn the LED on (HIGH is the voltage level)
  delay(3000);                              // wait for a second
  digitalWrite(2, LOW);      // turn the LED off by making the voltage LOW
  delay(3000);                              // wait for a second
}
```

程式下載網址：https://github.com/brucetsao/ESP_Bulb

如下圖所示，筆者可以看到控制發光二極體測試程式結果畫面。

圖 75 控制發光二極體測試程式結果畫面

章節小結

本章主要介紹之 ESP32 開發板使用與連接發光二極體，透過本章節的解說，相信讀者會對連接、使用發光二極體，並控制明滅，有更深入的了解與體認。

3

CHAPTER

控制雙色 LED 燈泡

雙色 LED 模組

使用 Led 發光二極體是最普通不過的事，筆者本節介紹雙色 LED 模組(如下圖所示)，它主要是使用雙色 Led 發光二極體，雙色 Led 發光二極體有兩種，一種是共陽極、另一種是共陰極。

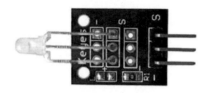

圖 76 雙色 LED 模組

本實驗是共陽極的用雙色 Led 發光二極體，如下圖所示，先參考雙色 Led 發光二極體的腳位接法，在遵照下表所示之雙色 LED 模組接腳表進行電路組裝。

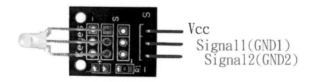

圖 77 雙色 LED 模組腳位圖

表 3 雙色 LED 模組接腳表

接腳	接腳說明	ESP32S 開發板接腳
S	Vcc 共陽極	電源 (+5V) ESP32S +5V
2	Signal1 第一種顏色陰極	ESP32S GPIO 2
3	Signal2 第二種顏色陰極	ESP32S GPIO 15

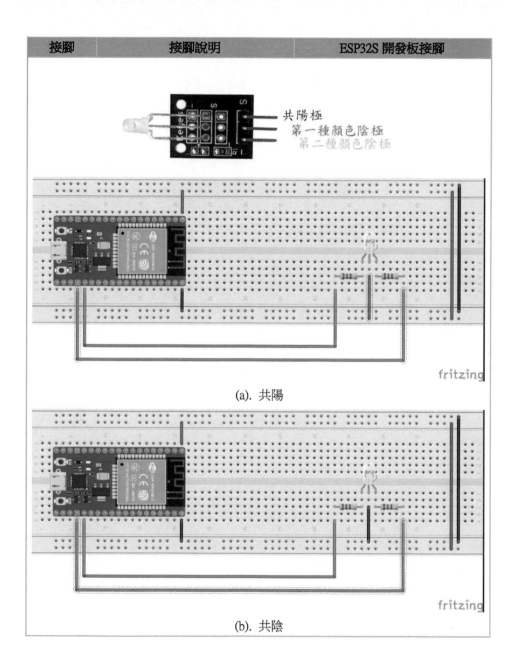

共陽極
第一種顏色陰極
第二種顏色陰極

(a). 共陽

(b). 共陰

　　筆者遵照前幾章所述,將 ESP 32 開發板的驅動程式安裝好之後,筆者打開 ESP

32 開發板的開發工具:Sketch IDE 整合開發軟體(安裝 Arduino 開發環境,請參考

『ESP32 程式設計(基礎篇):ESP32 IOT Programming (Basic Concept & Tricks)』之

『Arduino 開發 IDE 安裝』(曹永忠, 2020a, 2020b, 2020g),安裝 ESP 32 開發板 SDK

請參考『ESP32 程式設計(基礎篇):ESP32 IOT Programming (Basic Concept & Tricks)』
之『安裝 ESP32 Arduino 整合開發環境』(曹永忠, 2020a, 2020b, 2020c, 2020f))，編寫
一段程式，如下表所示之雙色 LED 模組測試程式，筆者就可以讓雙色 LED 各自變
換顏色，甚至可以達到混色的效果。

表 4 雙色 LED 模組測試程式

雙色 LED 模組測試程式(Dual_Led)

```
#define LEDC_CHANNEL_0        0
#define LEDC1_CHANNEL_0       1
#define LEDC_TIMER_13_BIT    13
#define LEDC_BASE_FREQ       5000
#define LED_PIN               2
#define LED1_PIN             15

void ledcAnalogWrite(uint8_t channel, uint32_t value, uint32_t valueMax = 255) {
    uint32_t duty = (8191 / valueMax) * min(value, valueMax);
    ledcWrite(channel, duty);
}

void setup() {
  ledcSetup(LEDC_CHANNEL_0, LEDC_BASE_FREQ,
     LEDC_TIMER_13_BIT);
  ledcAttachPin(LED_PIN, LEDC_CHANNEL_0);
  ledcSetup(LEDC1_CHANNEL_0, LEDC_BASE_FREQ,
     LEDC_TIMER_13_BIT);
  ledcAttachPin(LED1_PIN, LEDC1_CHANNEL_0);
}

void loop() {
  int brightness = 0;
  for(brightness=0; brightness<255; brightness++)
  {
  ledcAnalogWrite(LEDC1_CHANNEL_0, brightness);
   delay(20);
  }
```

```
        if ( brightness >= 255) {
            int brightness=255;
            for(brightness=255; brightness>0; brightness--)
            {
                    ledcAnalogWrite(LEDC_CHANNEL_0, brightness);
                    delay(20);
            }
        Serial.println(brightness, DEC);
        }
        }
```

資料來源：https://randomnerdtutorials.com/esp32-pwm-arduino-ide/

程式下載網址：https://github.com/brucetsao/ESP_Bulb

讀者可以看到本次實驗-雙色 LED 模組測試程式結果畫面。

當然、如下圖所示，筆者可以看到雙色 LED 模組測試程式結果畫面。

圖 78 雙色 LED 模組測試程式結果畫面

章節小結

本章主要介紹之 ESP32 開發板使用與連接雙色發光二極體，透過本章節的解
說，相信讀者會對連接、使用雙色發光二極體，並控制不同顏色明滅，有更深入的
了解與體認。

CHAPTER

控制全彩 LED 燈泡

前文介紹控制雙色發光二極體明滅(曹永忠, 吳佳駿, et al., 2016a, 2016b, 2016c, 2016d, 2017a, 2017b, 2017c; 曹永忠, 許智誠, & 蔡英德, 2015d, 2015i; 曹永忠, 許智誠, et al., 2016c, 2016d; 曹永忠, 郭晉魁, et al., 2017)，相信讀者應該可以駕輕就熟，本章介紹全彩發光二極體，在許多彩色字幕機中(曹永忠, 許智诚, & 蔡英德, 2014; 曹永忠, 吳佳駿, et al., 2016a, 2016b, 2016c, 2016d, 2017a, 2017b, 2017c; 曹永忠, 許智誠, & 蔡英德, 2014a, 2014b, 2014c, 2014d, 2014e; 曹永忠, 許智誠, et al., 2016c, 2016d; 曹永忠, 郭晉魁, et al., 2017)，全彩發光二極體獨佔鰲頭，更有許多應用。

讀者可以在市面上，非常容易取得全彩發光二極體，價格、種類應有盡有，可於一般電子材料行、電器行或網際網路上的網路商城、雅虎拍賣(https://tw.bid.yahoo.com/)、露天拍賣(http://www.ruten.com.tw/)、PChome 線上購物(http://shopping.pchome.com.tw/)、PCHOME 商店街(http://www.pcstore.com.tw/)...等等，購買到全彩發光二極體。

全彩發光二極體

如下圖所示，我們可以購買您喜歡的全彩發光二極體，來當作這次的實驗。

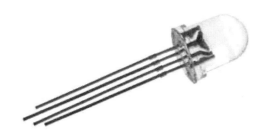

圖 79 全彩發光二極體

　　如下圖所示，一般全彩發光二極體有兩種，一種是共陽極，另一種是共陰極(一般俗稱共地)，只要將下圖(+)接在+5V 或下圖(-)接在 GND，用其他 R、G、B 三隻腳位分別控制紅色、綠色、藍色三種顏色的明滅，就可以產生彩色的顏色效果。

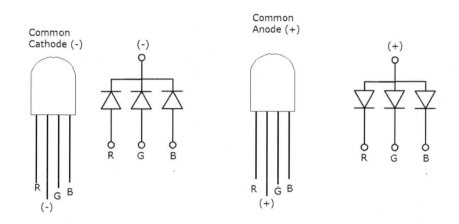

圖 80 全彩發光二極體腳位

全彩 LED 模組

　　使用 Led 發光二極體是最普通不過的事，筆者本節介紹全彩 RGB LED 模組(如下圖所示)，它主要是使用全彩 RGB LED 發光二極體，RGB Led 發光二極體有兩種，一種是共陽極、另一種是共陰極。

(a). 共陽 RGB 全彩 LED 模組

(b). 共陰 RGB 全彩 LED 模組

圖 81 全彩 RGB LED 模組

本實驗是共陰極的 RGB Led 發光二極體，先參考全彩 RGB LED 模組的腳位接法，在遵照下表所示之全彩 LED 模組腳位圖接腳表進行電路組裝。

表 5 全彩 RGB LED 模組接腳表

接腳	接腳說明	ESP32S 開發板接腳
S	共陰極	共地 ESP32S GND
2	第一種顏色陽極(Red)	ESP32S GPIO 15
3	第二種顏色陽極(Green)	ESP32S GPIO 2
4	第三種顏色陽極(Blue)	ESP32S GPIO 4

接腳	接腳說明	ESP32S 開發板接腳

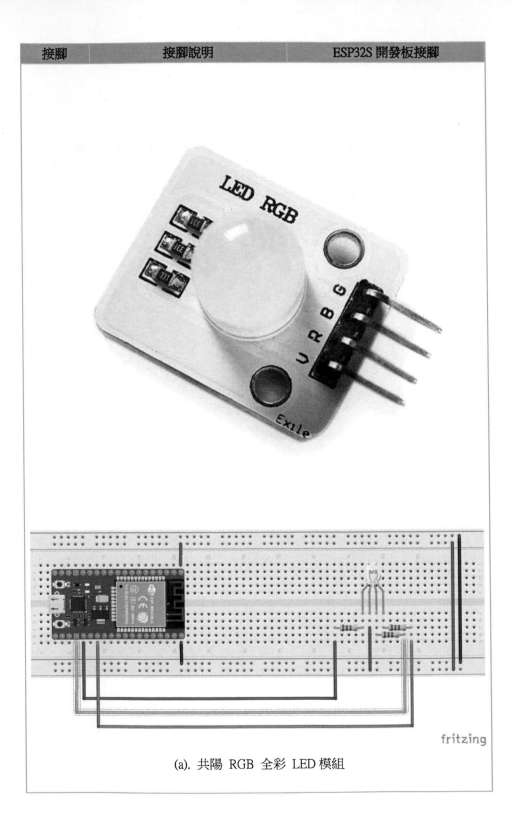

(a). 共陽 RGB 全彩 LED 模組

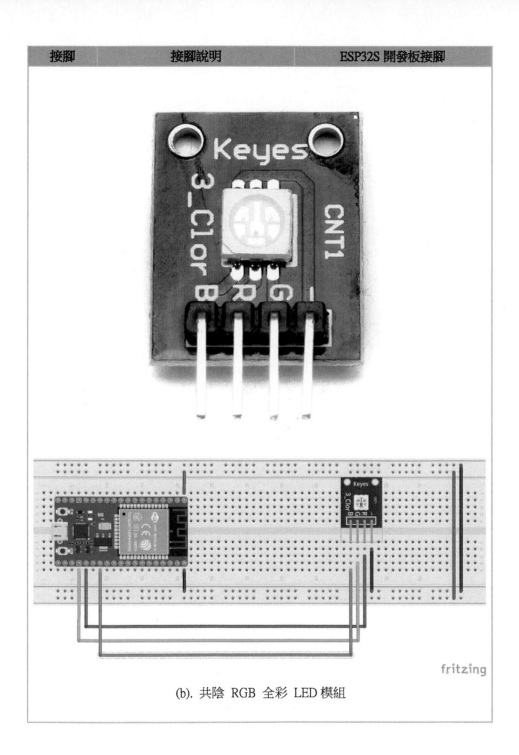

(b). 共陰 RGB 全彩 LED 模組

筆者遵照前幾章所述，將ESP 32開發板的驅動程式安裝好之後，筆者打開ESP

32開發板的開發工具：Sketch IDE整合開發軟體(安裝Arduino開發環境，請參考
『ESP32程式設計(基礎篇):ESP32 IOT Programming (Basic Concept & Tricks)』之
『Arduino開發IDE安裝』(曹永忠, 2020a, 2020b, 2020g)，安裝ESP 32開發板 SDK請參
考『ESP32程式設計(基礎篇):ESP32 IOT Programming (Basic Concept & Tricks)』之『安
裝ESP32 Arduino 整合開發環境』(曹永忠, 2020a, 2020b, 2020c, 2020f))，編寫一段程
式，如下表所示之全彩**RGB LED**模組測試程式測試程式，筆者就可以讓RGB
LED各自變換顏色，甚至用混色的效果達到全彩的效果。

表 6 全彩 RGB LED 模組測試程式

全彩 LED 模組測試程式(RGB_Led)

```
int LedRpin = 15;        // dual Led Color1 Pin
int LedGpin = 2;         // dual Led Color2 Pin
int LedBpin = 4;         // dual Led Color3 Pin
int i,j,k;

void setup() {
  pinMode(LedRpin, OUTPUT);
  pinMode(LedGpin, OUTPUT);
  pinMode(LedBpin, OUTPUT);
  Serial.begin(9600);
}

void loop()
{
for(i=0; i<1; i++)
  {
    for(j=0; j<1; j++)
      {
        for(k=0; k<1; k++)
          {
            digitalWrite(LedRpin, i);
            digitalWrite(LedGpin, j);
            digitalWrite(LedBpin, k);
```

```
            }
          }

        }

      }
```

資料來源：https://randomnerdtutorials.com/esp32-pwm-arduino-ide/

程式下載網址：https://github.com/brucetsao/ESP_Bulb

讀者可以看到本次實驗-全彩RGB LED模組測試程式結果畫面、如下圖

所示，筆者可以看到全彩RGB LED模組測試程式結果畫面。

圖 82 全彩 RGB LED 模組測試程式結果畫面

章節小結

本章主要介紹之 ESP32 開發板使用與連接全彩發光二極體，透過本章節的解

說，相信讀者會對連接、使用全彩發光二極體，並控制不同顏色明滅，有更深入的

了解與體認。

6
CHAPTER

控制 WS2812 燈泡模組

WS2812B 全彩燈泡模組是一個整合控制電路與發光電路于一體的智慧控制 LED 光源。其外型與一個 5050LED 燈泡相同,每一個元件即為一個圖像點,部包含了智慧型介面資料鎖存信號整形放大驅動電路,還包含有高精度的內部振盪器和高達 12V 高壓可程式設計定電流控制部分,有效保證了圖像點光的顏色高度一致。

資料協定採用單線串列的通訊方式,圖像點在通電重置以後,DIN 端接受從微處理機傳輸過來的資料,首先送過來的 24bit 資料被第一個圖像點提取後,送到圖像點內部的資料鎖存器,剩餘的資料經過內部整形處理電路整形放大後通過 DO 埠開始轉發輸出給下一個串聯的圖像點,每經過一個圖像點的傳輸,信號減少 24bit 的資料。圖像點採用自動整形轉發技術,使得該圖像點的級聯個數不受信號傳送的限制,僅僅受限信號傳輸速率要求。

其 LED 具有低電壓驅動,環保節能,亮度高,散射角度大,一致性好,超低功率,超長壽命等優點。將控制電路整合於 LED 上面,電路變得更加簡單,體積小,安裝更加簡便。

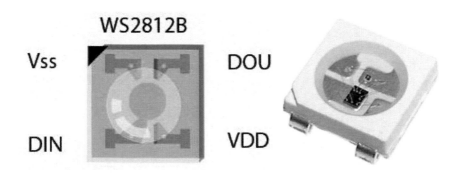

圖 83 WS2812B 全彩燈泡模組

WS2812B 全彩燈泡模組特點

- 智慧型反接保護，電源反接不會損壞 IC。

- IC 控制電路與 LED 點光源共用一個電源。

- 控制電路與 RGB 晶片整合在一個 5050 封裝的元件中，構成一個完整的外控圖像點。

- 內部具有信號整形電路，任何一個圖像點收到信號後經過波形整形再輸出，保證線路波形的變形不會累加。

- 內部具有通電重置和掉電重置電路。

- 每個圖像點的三原色顏色具有 256 階層亮度顯示，可達到 16777216 種顏色的全彩顯示，掃描頻率不低於 400Hz/s。

- 串列介面，能通過一條訊號線完成資料的接收與解碼。

- 任意兩點傳傳輸距離在不超過 5 米時無需增加任何電路。

- 當更新速率 30 幅/秒時，可串聯數不小於 1024 個。

- 資料發送速度可達 800Kbps。

- 光的顏色高度一致，C/P 值高。

主要應用領域

- LED 全彩發光字燈串,LED 全彩模組， LED 全彩軟燈條硬燈條,LED 護欄管

- LED 點光源,LED 圖元屏,LED 異形屏，各種電子產品，電器設備跑馬燈。

串列傳輸

　　串列埠資料會轉換成連續的資料位元，然後依序由通訊埠送出，接收端收集這些資料後再合成為原來的位元組；串列傳輸大多為非同步，故收發雙方的傳輸速率需協定好，一般為 9600、14400、57600bps（bits per second）等。

　　串列資料傳輸裡，有單工及雙工之分，單工就是一條線只能有 一種用途，例如輸出線就只能將資料傳出、輸入線就只能將資料傳入。 而雙工就是在同一條線上，可傳入資料，也可傳出資料。WS2812B 全彩燈泡模組 屬於單工的串列傳輸，如下圖所示，由單一方向進入，再由輸入轉至下一顆。

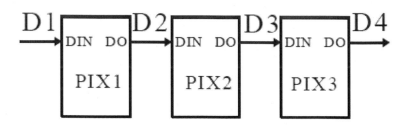

圖 84 串列傳輸_連接方法

WS2812B 全彩燈泡模組

　　如下圖所示，我們可以購買您喜歡的 WS2812B 全彩燈泡模組，來當作這次的實驗。

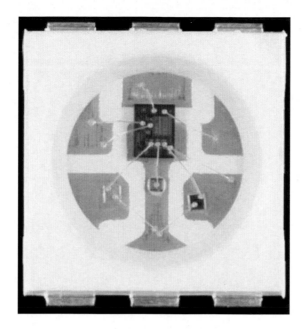

圖 85 WS2812B 全彩燈泡模組

　　如下圖所示，WS2812B 全彩燈泡模組只需要三條線就可以驅動，其中兩條是電源，只要將下圖(5V)接在+5V 與下圖(GND)接在 GND，微處理機只要將控制訊號接在下圖之 Data In(DI)，就可以開始控制了(曹永忠, 2017)。

圖 86 WS2812B 全彩燈泡模組腳位

表 7 WS2812B 全彩燈泡模組腳位表

序號	符號	管腳名	功 能 描 述
1	VDD	電源	供電管腳
2	DOUT	資料輸出	控制資料信號輸出
3	VSS	接地	信號接地和電源接地
4	DIN	資料登錄	控制資料信號輸入

如上圖所示，如果您需要多顆的 WS2812B 全彩燈泡模組共用，您不需要每一顆 WS2812B 全彩燈泡模組都連接到微處理機，只需要四條線就可以驅動，其中兩條是電源，只要將下圖(5V)接在+5V 與下圖(GND)接在 GND，微處理機只要將控制訊號接在下圖之 Data In(DI)，第一顆的之 Data Out(DO)連到第二顆的 WS2812B 全彩燈泡模組的 Data In(DI)，就可以開始使用串列控制了。

如下圖所示，此時每一顆 WS2812B 全彩燈泡的電源，採用並列方式，所有的 5V 腳位接在+5V，GND 腳位接在 GND，所有控制訊號，第一顆 WS2812B 全彩燈的 Data In(DI)接在微處理機的控制訊號腳位，而第一顆的 Data Out(DO)連到第二顆的 WS2812B 全彩燈泡模組的 Data In(DI)，第二顆的 Data Out(DO)連到第三顆的 WS2812B 全彩燈泡模組的 Data In(DI)，以此類推就可以了。

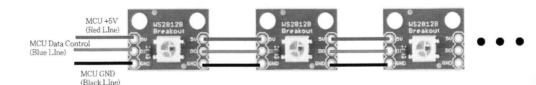

圖 87 WS2812B 全彩燈泡模組串聯示意圖

控制 WS2812B 全彩燈泡模組

如下圖所示，這個實驗我們需要用到的實驗硬體有下圖.(a)的 ESP32 開發板、下圖.(b) Micro USB 下載線、下圖.(c) WS2812B 全彩燈泡模組：

(b). Micro USB 下載線

(a). ESP32

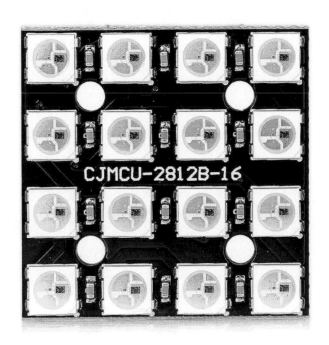

(c). WS2812B全彩燈泡模組

圖 88 控制 WS2812B 全彩燈泡模組所需材料表

讀者可以參考下圖所示之控制 WS2812B 全彩燈泡模組連接電路圖，進行電路組立。

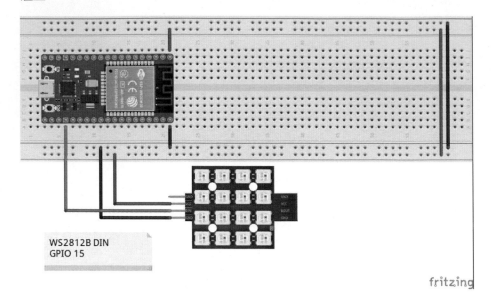

WS2812B DIN
GPIO 15

圖 89 控制 WS2812B 全彩燈泡模組連接電路圖

讀者也可以參考下表之 WS2812B 全彩燈泡模組接腳表，進行電路組立。

表 8 控制 WS2812B 全彩燈泡模組接腳表

接腳	接腳說明	開發板接腳
1	麵包板 Vcc(紅線)	接電源正極(5V)
2	麵包板 GND(藍線)	接電源負極
3	Data In(DI)	開發板 GPIO 15

接腳	接腳說明	開發板接腳

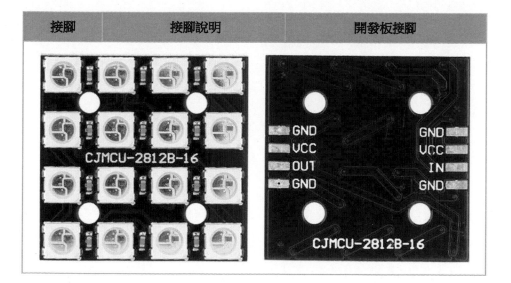

我們遵照前幾章所述，將 ESP32 開發板的驅動程式安裝好之後，我們打開 Arduino 開發板的開發工具：Sketch IDE 整合開發軟體(軟體下載請到：https://www.arduino.cc/en/Main/Software)，攥寫一段程式，如下表所示之 WS2812B 全彩燈泡模組測試程式，控制 WS2812B 全彩燈泡模組紅色、綠色、藍色明滅測試。(曹永忠, 吳佳駿, et al., 2016a, 2016b, 2016c, 2016d, 2017a, 2017b, 2017c; 曹永忠, 許智誠, et al., 2015d, 2015i, 2016c, 2016d; 曹永忠, 郭晉魁, et al., 2017)

表 9 WS2812B 全彩燈泡模組測試程式

WS2812B 全彩燈泡模組測試程式(WSRGBLedTest)
#include <String.h>

```
#include <String.h>
#include "Pinset.h"
#include <WiFi.h>
String connectstr ;
#include <Adafruit_NeoPixel.h>

Adafruit_NeoPixel pixels = Adafruit_NeoPixel(NUMPIXELS, WSPIN, NEO_GRB +
NEO_KHZ800);


byte RedValue = 0, GreenValue = 0, BlueValue = 0;
```

```
String ReadStr = "          " ;
int delayval = 500; // delay for half a second



void setup() {
    // put your setup code here, to run once:
        initAll() ;
}



void loop() {

}

void ChangeBulbColor(int r,int g,int b)
{
        // For a set of NeoPixels the first NeoPixel is 0, second is 1, all the way up to the
count of pixels minus one.
    for(int i=0;i<NUMPIXELS;i++)
    {
            // pixels.Color takes RGB values, from 0,0,0 up to 255,255,255
            pixels.setPixelColor(i, pixels.Color(r,g,b)); // Moderately bright green color.

            // delay(delayval); // Delay for a period of time (in milliseconds).
    }
            pixels.show(); // This sends the updated pixel color to the hardware.
}



void CheckLed()
{
        for(int i = 0 ; i <16; i++)
            {
                    ChangeBulbCol-
or(CheckColor[i][0],CheckColor[i][1],CheckColor[i][2]) ;
                    delay(CheckColorDelayTime) ;
            }
}
void DebugMsg(String msg)
```

```
{
    if (_Debug != 0)
        {
            Serial.print(msg) ;
        }


}
void DebugMsgln(String msg)
{
    if (_Debug != 0)
        {
            Serial.println(msg) ;
        }


}

void initAll()
{

    Serial.begin(9600);
      Serial2.begin(9600, SERIAL_8N1, RXD2, TXD2);
   Serial.println("System Start") ;
    //--------------------
      pixels.begin();
   pixels.setBrightness(255);    // Lower brightness and save eyeballs!
   pixels.show(); // Initialize all pixels to 'off'


    DebugMsgln("Program Start Here") ;
      pixels.begin(); // This initializes the NeoPixel library.
      DebugMsgln("init LED") ;
   ChangeBulbColor(RedValue,GreenValue,BlueValue) ;
      DebugMsgln("Turn off LED") ;
      if (TestLed ==   1)
          {
                  CheckLed() ;
                    DebugMsgln("Check LED") ;
                      ChangeBulbColor(RedValue,GreenValue,BlueValue) ;
                      DebugMsgln("Turn off LED") ;
```

```
            }


        DebugMsgln("Clear Bluetooth Buffer") ;
    //   ClearBluetoothBuffer() ;


}
```

程式下載網址：<u>https://github.com/brucetsao/ESP_Bulb</u>

表 10 WS2812B 全彩燈泡模組測試程式(Pinset.h)

WS2812B 全彩燈泡模組測試程式(Pinset.h)
| ```
#define _Debug 1
#define TestLed 1
#include <String.h>
#define WSPIN           15
#define NUMPIXELS       16
#define RXD2 16
#define TXD2 17

#define CheckColorDelayTime 200
#define initDelayTime 2000
#define CommandDelay 100
int CheckColor[][3] = {
                        {255 , 255,255} ,
                        {255 , 0,0} ,
                        {0 , 255,0} ,
                        {0 , 0,255} ,
                        {255 , 128,64} ,
                        {255 , 255,0} ,
                        {0 , 255,255} ,
                        {255 , 0,255} ,
                        {255 , 255,255} ,
                        {255 , 128,0} ,
                        {255 , 128,128} ,
                        {128 , 255,255} ,
                        {128 , 128,192} ,
                        {0 , 128,255} ,
                        {255 , 0,128} ,
``` |
```

```
            {128 , 64,64} ,
            {0 , 0,0} } ;
```

程式下載網址：https://github.com/brucetsao/ESP_Bulb

如下圖所示，我們可以看到 WS2812B 全彩燈泡模組測試程式結果畫面。

圖 90　WS2812B 全彩燈泡模組測試程式程式結果畫面

章節小結

本章主要介紹之 ESP32 開發板使用與連接 WS2812B 全彩燈泡模組，使用函式
庫方式來控制 WS2812B 全彩燈泡模組三原色混色，產生想要的顏色，透過本章節
的解說，相信讀者會對連接、使用 WS2812B 全彩燈泡模組，有更深入的了解與體
認。

CHAPTER

基礎程式設計

　　本章節主要是教各位讀者使用 MIT 的 AppInventor 2 基本操作與常用的基本模組程式，希望讀者能仔細閱讀，因為在下一章實作時，重覆的部份就不在重覆敘述之。

開發板介紹

　　如下圖所示，我們可以看到 ESP32 開發板所提供的接腳圖，本文是使用 ESP32 開發板，連接 WS2812B RGB Led 模組，如下表所示，我們將 VCC、GND 接到開發板的電源端，而將 WS2812B RGB Led 模組控制腳位接到 ESP32 開發板數位腳位十五(Digital Pin 15)， 就可以完成電路組立。

圖 91　ESP32 開發板接腳圖

TCP/IP 通訊基礎開發

　　如下圖所示，這個實驗我們需要用到的實驗硬體有下圖.(a)的 ESP32 開發板、下圖.(b) Micro USB 下載線。

(b). Micro USB 下載線

(a). ESP32

圖 92 通訊基礎開發所需材料表

我們遵照前幾章所述，將 ESP32 開發板的驅動程式安裝好之後，我們打開 Arduino 開發板的開發工具：Sketch IDE 整合開發軟體(軟體下載請到：https://www.arduino.cc/en/Main/Software)，攥寫一段程式，如下表所示之通訊基礎開發測試程式，進行 TCP/IP 通訊開發。

表 11 通訊基礎開發測試程式

通訊基礎開發測試程式(TCP_Talk)
| ```
#include "ESP32.h"

ESP32 wifi(Serial1);
uint32_t len;

String ReadStr = "          " ;
int delayval = 500; // delay for half a second
``` |
```

```
void setup() {
  // put your setup code here, to run once:
    Serial1.begin(115200);    //for ESP32 init wifi

  Serial.begin(9600) ;


    wifi.begin();//初始化
  wifi.reset();//重啟 WiFi
  wifi.setWifiMode(2);//將 WiFi 模組設定為 Access Point 模式
  if (wifi.setAP("ESP32-AP","12345678",1,0)){
    Serial.println("Create AP Success");
    Serial.print("IP: ");
    Serial.println(wifi.getIP());
  }else{
    Serial.println("Create AP Failure");
  }
  wifi.enableMUX();//開啟多人連線模式
  wifi.createTCPServer(8080);//開啟 TCP Server
   Serial.println(wifi.getIP());//取得 IP
     delay(2000) ;     //wait 2 seconds

}



void loop() {
  // put your main code here, to run repeatedly:

    len = wifi.recv();
    if (len > 0)
    {
        Serial.print("Wifi Received data len is :(") ;
        Serial.print(len) ;
        Serial.print(")\n") ;
        Serial.print("Receive Data is :(");
        Serial.print(wifi.MessageBuffer) ;
        Serial.print(")\n") ;
```

```
    }

}
```

程式下載網址：https://github.com/brucetsao/eHUE_Bulb_ESP32

如下圖所示，我們可以看到通訊基礎開發測試程式結果畫面。

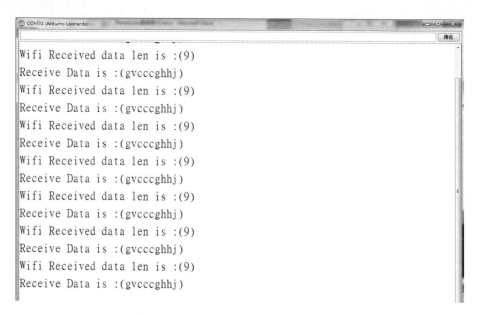

圖 93　通訊基礎開發測試程式結果畫面

App Inventor 2 上傳原始碼

　　本書有許多 App Inventor 2 程式範例，我們如果不想要一一重寫，可以取得範例網站的程式原始碼後，讀者可以參考本節內容，將這些程式原始碼上傳到我們個人帳號的 App Inventor 2 個人保管箱內，就可以編譯、發怖或進一步修改程式。

　　首先，如下圖所示，我們在 App Inventor 2 程式模塊編輯畫面之中，在『Projects』的選單下。

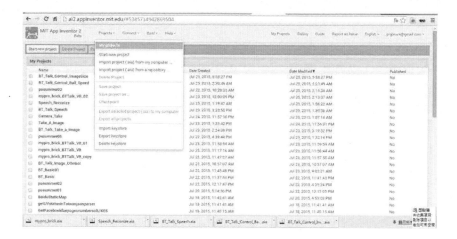

圖 94 切換到專案管理畫面

如下圖所示，我們在 App Inventor 2 程式模塊編輯畫面之中，點選在『Projects』的選單下『import project (.aia) from my computer』。

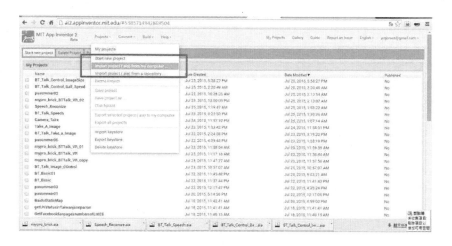

圖 95 上傳原始碼到我的專案箱

如下圖所示，出現『import project...』的對話窗，點選在『選擇檔案』的按紐。

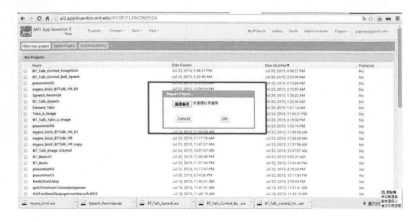

圖 96 選擇檔案對話窗

　　如下圖所示，出現『開啟舊檔』的對話窗，請切換到您存放程式碼路徑，並點選您要上傳的『程式碼』。

圖 97 選擇電腦原始檔

　　如下圖所示，出現『開啟舊檔』的對話窗，請切換到您存放程式碼路徑，並點選您要上傳的『程式碼』，並按下『開啟』的按紐。

圖 98 開啟該範例

如下圖所示，出現『import project...』的對話窗，點選在『OK』的按鈕。

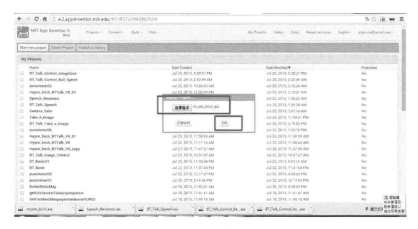

圖 99 開始上傳該範例

如下圖所示，如果上傳程式碼沒有問題，就會回到 App Inventor 2 的視覺編輯畫面，代表您已經正確上傳該程式原始碼了。

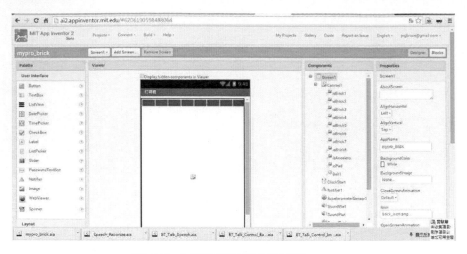

圖 100 上傳範例後開啟該範例

如果讀者不願意一步一步輸入,可以到筆者 gihub 網站:
https://github.com/brucetsao/eHUE_Bulb_ESP32/tree/master/Apps_Codes , 下 載
TCP_Talk.aia 檔案,根據上面所述上傳到 App Inventor 2 之專案目錄上,或直接下
載 TCP_Talk.apk 檔案,直接安裝到 Android 作業系統的手機或平板。

手機 WIFI 基本通訊功能開發

由於我們使用**Android作業系統的手機或平板**與Arduino開發板的裝置進行控
制,由於手機或平板的設計限制,通常無法使用硬體方式連接與通訊,所以本節專
門介紹如何在手機、平板上如何使用常見的 Wifi 通訊來通訊,本節主要介紹 **App
Inventor 2 如**何建立一個 Wifi 通訊模組。

首先,如下圖所示,我們在 App Inventor 2 程式模塊編輯畫面之中,開立一個
新專案。

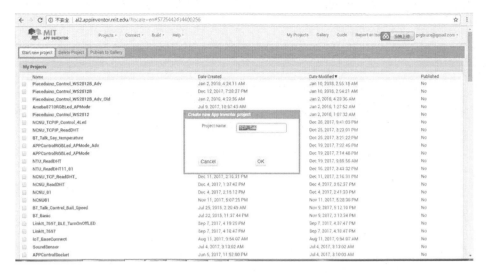

圖 101 建立新專案

系統設定

設定系統名稱

首先，如下圖所示，我們在先設定系統名稱。

圖 102 設定系統名稱

設定系統抬頭

首先，如下圖所示，我們在先設定系統的抬頭名稱為『TCP/IP 測試程式』。

圖 103 設定系統抬頭名稱

TCP/IP 擴充設定

安裝 TCPIP 擴充元件

首先，如下圖所示，我們必須要先安裝 TCP/IP 擴充元件。

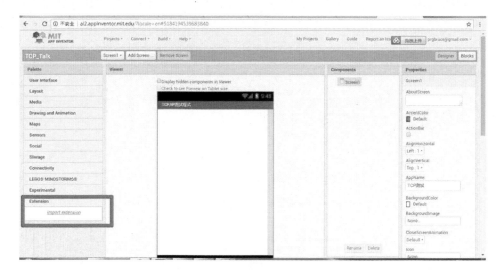

圖 104 選擇擴充元件項

　　如下圖所示，系統會出現匯入擴充元件視窗，這時候我們透過這個匯入擴充元件視窗來讀取擴充元件。

圖 105 匯入擴充元件視窗

　　如下圖所示，我們必須選擇要匯入擴充元件所存在的路徑。

圖 106 選擇元件目錄所在地

如 下 圖 所 示 ， 我 們 選 到 TCPIP 擴 充 元 件 的 路 徑 後 ， 請 選 擇 edu.mit.appinventor.ESP32Socket.aix 的檔案，按下開啟來匯入 TCPIP 擴充元件。

圖 107 選擇 TCPIP 擴充元件

如下圖所示，回到匯入擴充元件視窗後，請按下 Import 按鈕來匯入 TCPIP 擴充元件。

圖 108 選擇 TCPIP 擴充元件進行安裝

如下圖所示，如果成功匯入 TCPIP 擴充元件，我們在畫面上就可以看到 ESP32Socket 的元件選項，此時代表我們成功匯入 TCPIP 擴充元件。

圖 109 安裝完成後可以見到擴充元件

使用 TCP/IP 元件

使用 TCPIP 元件

如下圖所示，我們拉出上面安裝好的 TCPIP 擴充元件，將之拉到畫面中就可以，拉完後可以在畫面下方出現 ESP32Socket 的元件，因為 ESP32Socket 的元件是不可視元件，所以該 ESP32Socket 的元件不會出現在畫面上，會出現在畫面下方。

圖 110 使用 ESP32Socket 元件

如下圖所示，我們將拉出的 ESP32Socket 元件，按下 Rename 按鈕來變更拉出的 ESP32Socket 元件名稱為『TCP_Socket』。

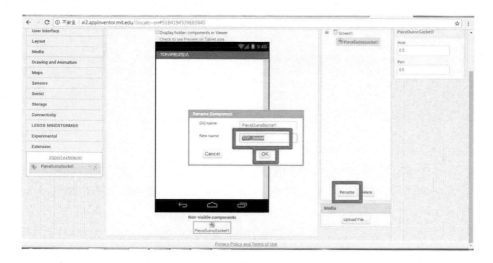

圖 111 修改 TCPIP 元件名稱

完成修改名稱後，如下圖所示，我們可以看到拉出的 ESP32Socket 元件名稱已改成『TCP_Socket』。

圖 112 完成修改 TCPIP 元件名稱

主介面開發

接下來我們要進入主畫面設計的步驟。

主介面設計

如下圖所示，我們增加拉出的 VerticalArrangement 元件來做為畫面規劃的依據。

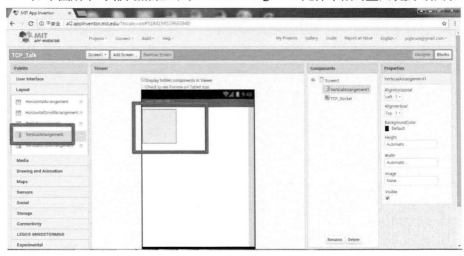

圖 113 拉出的 VerticalArrangement 元件

如下圖所示，我們將拉出的 VerticalArrangement 元件的寬度進行設定，將其拉出的 VerticalArrangement 元件的寬度設為 98%。

圖 114 設定 98 百分比寬度

設定完成後，如下圖所示，我們完成設定 98 百分比寬度。

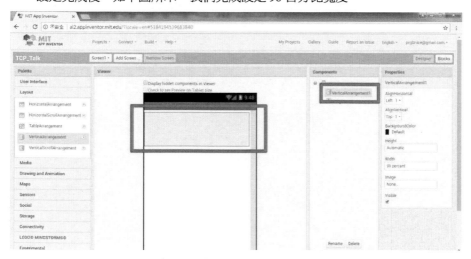

圖 115 完成設定 98 百分比寬度

如下圖所示，我們拉出兩個子 VerticalArrangement 元件。

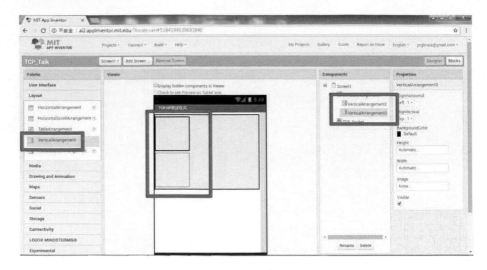

圖 116 拉出兩個子 VerticalArrangement 元件

如下圖所示，我們第一個拉出的 VerticalArrangement 元件，按下 Rename 按鈕來變更拉出的 VerticalArrangement 元件名稱為『Connect_Wifi』。

圖 117 改變第一個 VerticalArrangement 名稱

如下圖所示，我們完成第一個拉出的 VerticalArrangement 元件的名稱變更為『Connect_Wifi』。

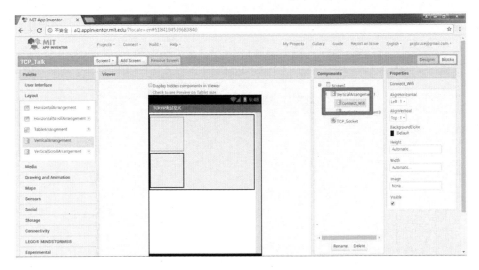

圖 118 完成改變第一個 VerticalArrangement 名稱

如下圖所示，我們將拉出的第一個 VerticalArrangement 元件的寬度進行設定，將其拉出的 VerticalArrangement 元件的寬度設為 95%。

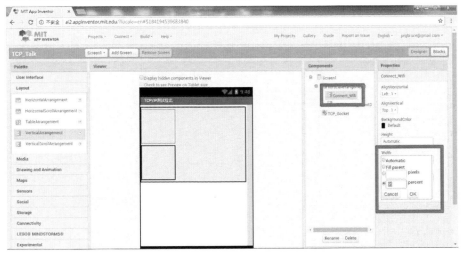

圖 119 改變第一個 VerticalArrangement 寬度

如下圖所示，我們完成第一個 VerticalArrangement 元件的寬度設定。

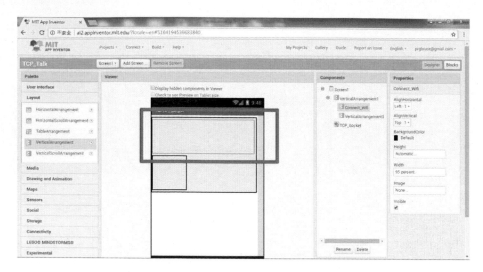

圖 120 完成改變第一個 VerticalArrangement 寬度

如下圖所示,我們第二個拉出的 VerticalArrangement 元件,按下 Rename 按鈕來變更拉出的 VerticalArrangement 元件名稱為『Main_Control』。

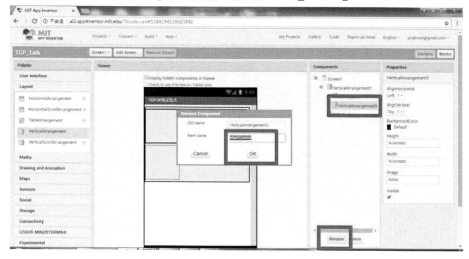

圖 121 改變第二個 VerticalArrangement 元件名稱

如下圖所示,我們完成第二個拉出的 VerticalArrangement 元件的名稱變更文為『Main_Control』。

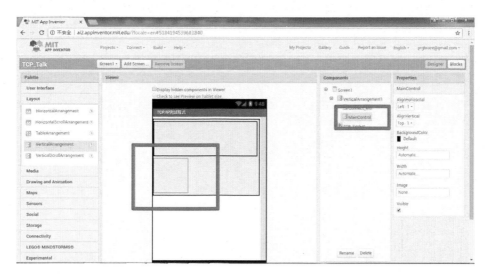

圖 122 完成改變第二個 VerticalArrangement 名稱

如下圖所示，我們將拉出的第二個 VerticalArrangement 元件的寬度進行設定，
將其拉出的 VerticalArrangement 元件的寬度設為 95%。

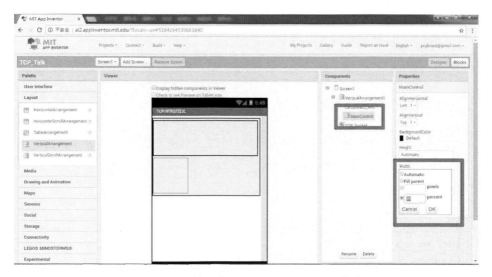

圖 123 改變第二個 VerticalArrangement 寬度

如下圖所示，我們完成第二個 VerticalArrangement 元件的寬度設定。

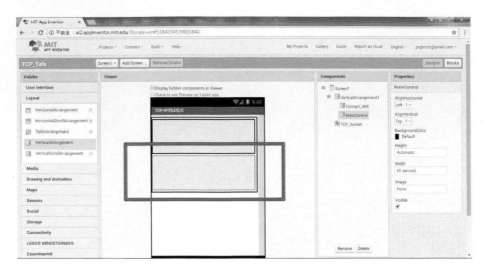

圖 124 完成改變第二個 VerticalArrangement 元件寬度

到此我們已經完成畫面的規劃(Screen LayOut)。

網路連接介面開發

網路連接介面設計

如下圖所示，我們拉出 Button 元件，來當為連線的控制。

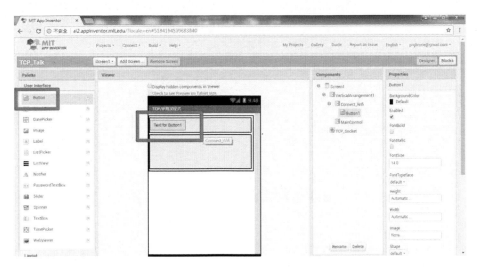

圖 125 拉出 Button 元件

如下圖所示，我們將拉出的 Button 元件，按下 Rename 按鈕來變更拉出的 Button 元件名稱為『ConnectWifi』。

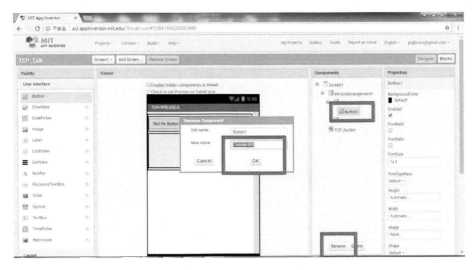

圖 126 變更 Button 元件名稱

如下圖所示，我們將拉出的 Button 元件的 Text 屬性，變更為『網路連線』。

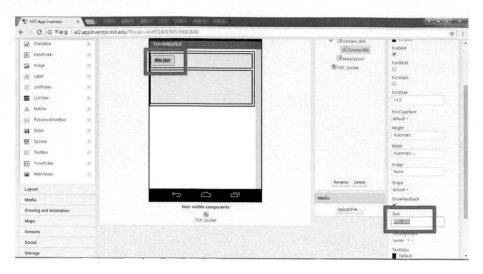

圖 127 變更 Button 元件 Text 內容

傳送文字介面開發

如下圖所示,我們拉出的 HorizontalArrangement 元件,規劃成主畫面的控制畫面。

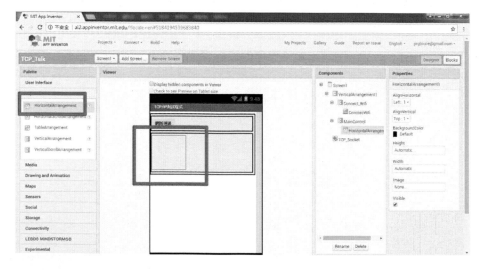

圖 128 拉出 HorizontalArrangement 元件

如下圖所示，我們將拉出的 HorizontalArrangement 元件，將其寬度設到最大。

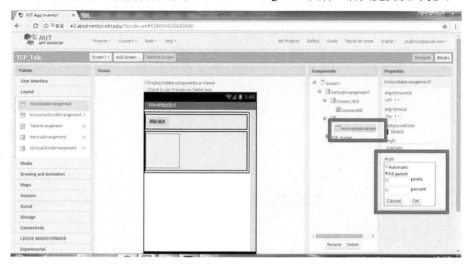

圖 129 設定拉出 HorizontalArrangement 元件寬度設到最大

如下圖所示，我們拉出 Label 元件。

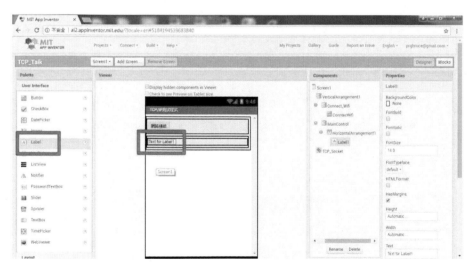

圖 130 拉出 Label 元件

如下圖所示，我們拉出 Label 元件 Text 屬性，變更為『傳送文字』。。

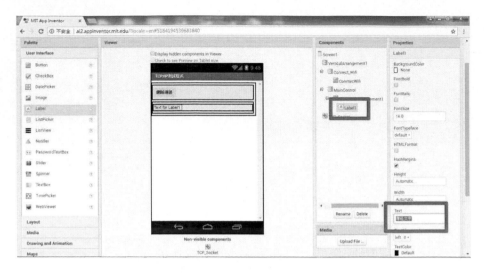

圖 131 設定拉出 Label 元件之 Text 內容

如下圖所示，我們拉出 TextBox 元件。

圖 132 拉出 TextBox 元件

如下圖所示，我們拉出 Button 元件，來當作傳送文字的控制元件。

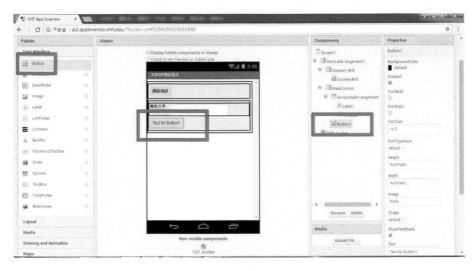

圖 133 拉出傳送文字之 Button 元件

如下圖所示，我們將拉出 Button 元件之 Text 屬性，變更為『傳送文字』。

圖 134 變更傳送文字之 Button 元件之 Text 屬性

控制程式開發-初始化

切換程式設計視窗

如下圖所示，我們進入程式設計，請點選如下圖所示之紅框區『Blocks』按鈕。

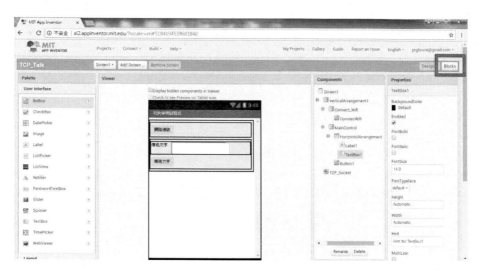

圖 135 切換程式設計模式

開始設計程式

如下圖所示，我們先進行系統初始化設定，先選擇下圖所示之最左邊紅框，選擇『Screen1』元件。

接下來在選擇『Screen1』元件內的『initialize』程序，攥寫下圖所示之最右邊紅框的的程式內容，進行系統初始化設定

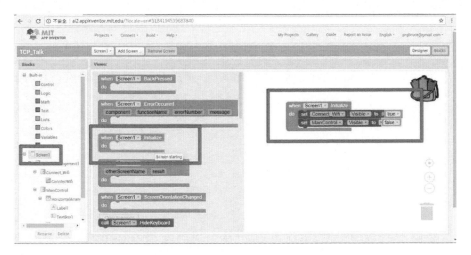

圖 136 系統初始化設定

　　如下圖所示，我們在進行連接網路程序，先選擇下圖所示之最左邊紅框，選擇『ConnectWifi』Button 元件。

　　接下來在選擇『ConnectWifi』Button 元件內的『Click』程序，撰寫下圖所示之最右邊紅框的的程式內容，進行連接網路程序

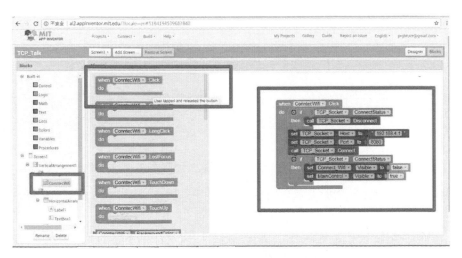

圖 137 連接網路程序

傳送文字程序

如下圖所示，我們在進行傳送文字程序，先選擇下圖所示之最左邊紅框，選擇『Button1』元件。

接下來在選擇『Button』元件內的『Click』程序，攥寫下圖所示之最右邊紅框的的程式內容，進行傳送文字程序

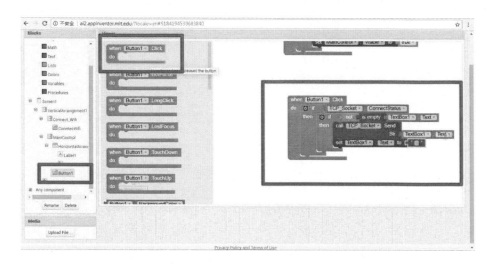

圖 138 傳送文字程序

建立 APK 安裝檔

如下圖所示，我們回到介面設計模次，點選如下圖第一個紅框處『Build』按鈕，選擇如下圖第二個紅框處『APP (save apk to my computer)』的選單，產生安裝的 APK 安裝檔。

產生安裝的 APK 安裝檔完成後，系統會自動下載 APK 安裝檔，讀者只要將之存到有空間的目錄下就可以了(曹永忠, 許智誠, & 蔡英德, 2016a, 2016b; 曹永忠, 蔡佳軒, 許智誠, & 蔡英德, 2015a, 2015b)。

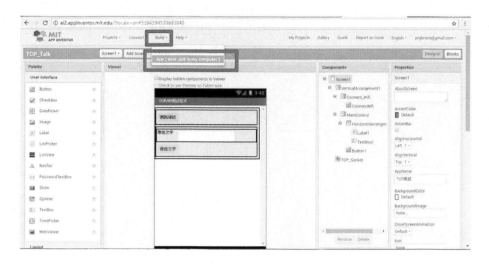

圖 139 產生 APK 安裝檔

接下來讀者將下載 APK 安裝檔，透過 USB 線，網路傳輸、郵件、或其他任何方法將之傳到 Android 智慧型手機的儲存空間後，透過 Android 智慧型手機的安裝程式進行安裝，就可以開始進行測試了。

系統測試

如下圖所示，我們安裝下載的 APK 安裝檔，在手機桌面應該會出現如下圖所示之紅框處之『TCP 測試』應用程式。

圖 140 安裝好 TCP 測試之程式

點選『TCP 測試』應用程式之後，如下圖所示，會進入 TCP 測試主畫面。

圖 141 TCP 測試主畫面

進入 TCP 測試主畫面之後，請點選如下圖所示之紅框處『網路連線』，進行網路連線。

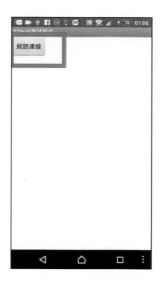

圖 142 TCP 測試-連接網路

如下圖所示，我們進入 TCP 測試系統主畫面。

圖 143 TCP 測試系統主畫面

我們在如下圖所示之第一個紅框，輸入要傳送的文字，在按下下圖所示之第二個紅框『傳送文字』，將下圖所示之第一個紅框內的文字，傳輸到主機端。

圖 144 TCP 測試-輸入文字測試

　　如下圖所示，我們透過 IDE 開發程式的監控視窗，可以看到 ESP32 開發板的主機(伺服器)可以成功讀取到上圖所示之輸入文字內容。

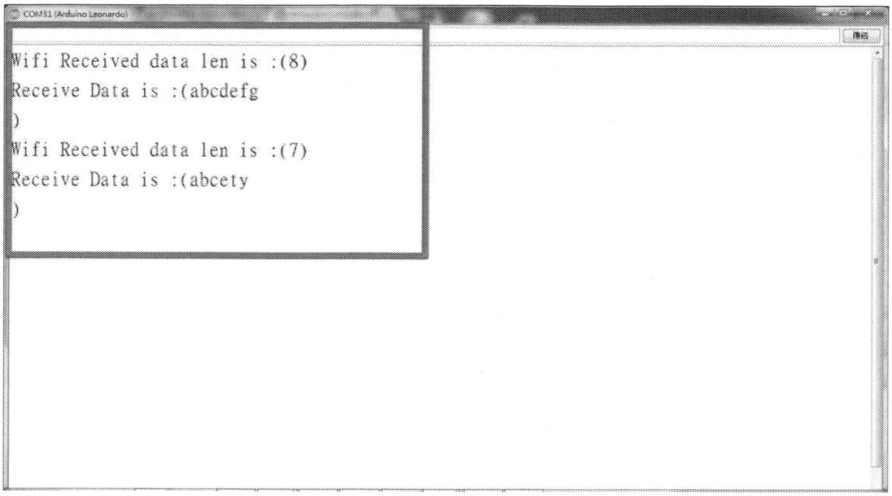

圖 145 手機進行通訊基礎開發測試程式結果畫面

章節小結

　　本章主要介紹如何在手機上，透過 App Inventor 2 開發工具，透過 TCP/IP 網路傳輸，傳送資訊到 ESP32 開發板，相信讀者已經把握到基礎知識與程式設計的訣竅，接下來可以更有基礎進入開發步驟。

CHAPTER

氣氛燈泡專案介紹

筆者寫過幾本書:『Ameba 氣氛燈程式開發(智慧家庭篇):Using Ameba to Develop a Hue Light Bulb (Smart Home)』(曹永忠, 吳佳駿, et al., 2016a, 2016b)、『藍芽氣氛燈程式開發(智慧家庭篇) (Using Nano to Develop a Bluetooth-Control Hue Light Bulb (Smart Home Series))』(曹永忠, 吳佳駿, 許智誠, & 蔡英德, 2017d; 曹永忠, 吳佳駿, et al., 2017e)、『Ameba 8710 Wifi 氣氛燈硬體開發(智慧家庭篇) (Using Ameba 8710 to Develop a WIFI-Controled Hue Light Bulb (Smart Home Serise))』(曹永忠, 許智誠, & 蔡英德, 2017a; 曹永忠, 許智誠, et al., 2017b)、『Pieceduino 氣氛燈程式開發(智慧家庭篇): Using Pieceduino to Develop a WIFI-Controled Hue Light Bulb (Smart Home Serise)』({[曹永忠, 2018 #2701)},筆者已經可以使用手機,透過藍芽傳輸控制 RGB Led 燈泡,但是我們發現,使用手機與藍芽,只能同時控制一顆燈泡。

對於家居中,一顆燈泡是不足夠的,我們需要一個同步可以一對多的通訊方式,我們發現,使用 TCP/IP 網路通訊,則可以做到這樣的功能,所以我們要使用更進階方式來控制 RGB Led 燈泡,可以達到更接近同時許多燈泡的控制能力。

本文使用 WS2812B RGB Led 模組,配合小而強大的 ESP32 開發板,開發如此強大的功能,最後並透過燈泡外殼,將整個裝置,轉成一個完整功能的商品功能,希望這樣的開發,期望讀者在閱讀本書之後可以將其功能進階到更廣泛的物聯網應用。

WS2812B 模組介紹

WS2812B 模組 是一顆內建微處理機控制器的 RGB LED ,如下圖.(a)所示,它將串列傳輸、PWM 調光電路、5050 RGB LED 等包裝成一個 RGB LED,只需要提供電力與一條串列傳輸的腳位就可以控制燈泡變化一千六百萬色顏色。

WS2812B 模組使用串列方式傳送資料,如下圖.(b) 所示,都一個單獨的

WS2812B 模組都有六個腳位，兩組電源可以一直串聯，控制腳位則有一個輸入 (DI/Din)，一個輸出(DO/Dout)，所以非常容易串接成一個長條，如下下圖所示，甚至可以串接成各種形狀，一組 WS2812B 模組(由多個串聯的所需要的形狀，如下下圖所示)，第一顆 WS2812B 模組的串連到第二顆 WS2812B 模組，第二顆 WS2812B 模組串連到第三科，以此類推，其電路為上一顆 WS2812B 模組的輸出(DO/Dout)連接電路到下一顆 WS2812B 模組的輸入(DI/Din)，電源部分則是用並聯的方式共用正負極，不過由下圖所示，讀者可以看到，電源端還是有分輸入端與輸出端，不過這只是方便使用者接腳，其實電源端內部是不分輸入與輸出的。

WS2812B 模組只需要將第一顆的電源接上，控制電路部分，只需要接第一顆 WS2812B 模組的輸入(DI/Din)端，所有控制只需要僅一條資料線即可控制每一顆一顆 WS2812B 模組的 RGB LED 的所有顏色，其 WS2812B 模組還內建波形整形電路，使多顆 WS2812B 模組串聯與長距離傳輸資料的可靠性增高，但是越多顆的缺點為傳輸時間較長。不過由於目前所有微處理機的傳輸速度都非常高速，所以延遲時間不會造成太大影響。並且 WS2812B 模組在傳輸過程之中，接收到顏色資料以後，會先將資料存放在緩衝區，等到接收到顯示指令時，才會將緩衝區的內容顯示出來，這樣避免長途傳輸中閃爍的問題(曹永忠, 2017)。

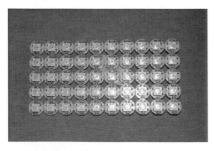 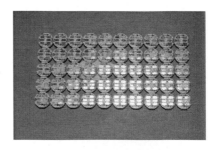

(a). WS2812B 模組發光面   (b). WS2812B 模組接腳面

圖 146 WS2812B 模組

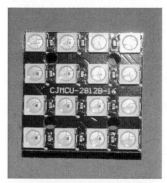

圖 147 WS2812B 模組

使用 WS2812B 模組

如下圖所示，為了可以較強的亮度，筆者使用 4X4 WS2812B LED 串聯模組，這個模組讀者可以隨意在市面上、露天拍賣、淘寶拍賣上取得，由於我們不需要再串聯另一個模組，所以我們只需要連接 VCC、GND、IN 三個腳位，請讀者使用杜邦線，把一頭剪掉後，如下圖.(c)所示，接出三條杜邦線母頭就可以了。

(a). WS2812B 模組正面   (b). WS2812B 模組接腳

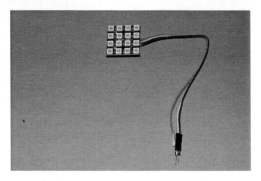

(c).焊接好之 WS2812B 模組

圖 148 WS2812B 模組

WS 2812B 電路組立

如下圖所示，我們可以看到 ESP32 開發板所提供的接腳圖，本文是使用 ESP32

開發板，連接 WS2812B RGB Led 模組，如下表所示，我們將 VCC、GND 接到開發
板的電源端，而將 WS2812B RGB Led 模組控制腳位接到 ESP32 開發板數位腳位八
(Digital Pin 8)， 就可以完成電路組立。

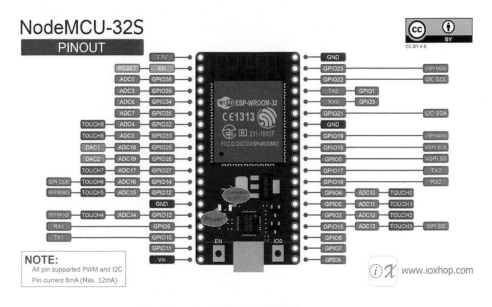

圖 149　ESP32 開發板接腳圖

我們可以遵照下表之 WS2812B RGB 全彩燈泡接腳表進行電路組立，完成下圖
所示之電路圖。

表 12 WS2812B RGB 全彩燈泡接腳表

WS2812B RGB LED	開發板
VCC	+5V
GND	GND
IN	Digital Pin 8

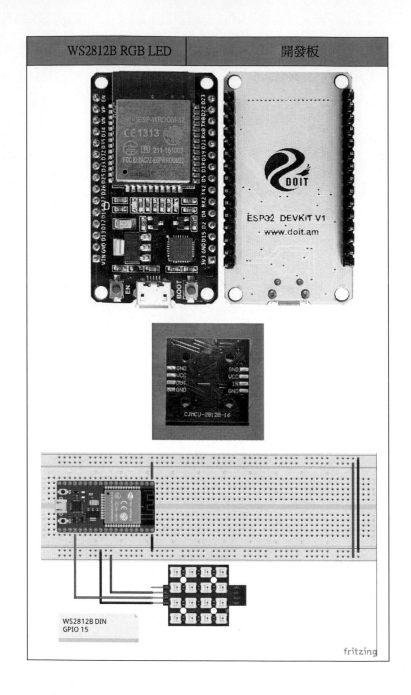

WS2812B RGB LED	開發板

WS2812B DIN
GPIO 15

fritzing

也可以參考下圖所示之電路圖，完成下圖所示之電路圖。

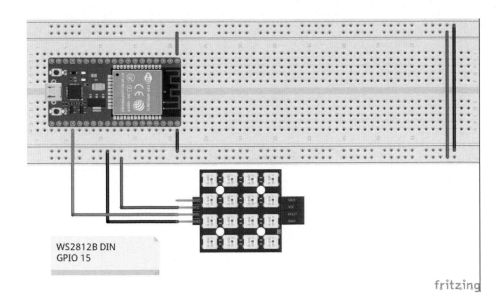

圖 150　WS2812B RGB 全彩燈泡電路圖

透過命令控制 WS2812B 顯示顏色

我們將 PieceDuimo 開發板的驅動程式安裝好之後，我們打開 Arduino 開發板

的 開 發 工 具 ： Sketch IDE 整 合 開 發 軟 體（軟 體 下 載 請 到 ：

https://www.arduino.cc/en/Main/Software)，攥寫一段程式，如下表所示之使用命令

控制全彩發光二極體測試程式，控制全彩發光二極體紅色、綠色、藍色測試。

表 13 使用命令控制全彩發光二極體測試程式

使用命令控制全彩發光二極體測試程式(WSControlRGBLed2)

#include "Pinset.h"
// NeoPixel Ring simple sketch (c) 2013 Shae Erisson
// released under the GPLv3 license to match the rest of the AdaFruit NeoPixel library
#include <Adafruit_NeoPixel.h>
 	
// Which pin on the Arduino is connected to the NeoPixels?

```
// How many NeoPixels are attached to the Arduino?

#include <String.h>
Adafruit_NeoPixel pixels = Adafruit_NeoPixel(NUMPIXELS, WSPIN, NEO_GRB +
NEO_KHZ800);

byte RedValue = 0, GreenValue = 0, BlueValue = 0;
String ReadStr = "      " ;

void setup() {
  // put your setup code here, to run once:

    randomSeed(millis());
  Serial.begin(9600) ;
  Serial.println("Program Start Here") ;
  pixels.begin(); // This initializes the NeoPixel library.
    ChangeBulbColor(RedValue,GreenValue,BlueValue) ;
}

int delayval = 500; // delay for half a second

void loop() {
  // put your main code here, to run repeatedly:
  if (Serial.available() >0)
  {
    ReadStr = Serial.readStringUntil(0x23) ;        // read char @
     //   Serial.read() ;
      Serial.print("ReadString is :(") ;
        Serial.print(ReadStr) ;
        Serial.print(")\n") ;
        if (DecodeString(ReadStr,&RedValue,&GreenValue,&BlueValue) )
           {
             Serial.println("Change RGB Led Color") ;
             ChangeBulbColor(RedValue,GreenValue,BlueValue) ;
           }
  }
```

```
}

    void ChangeBulbColor(int r,int g,int b)
    {
            // For a set of NeoPixels the first NeoPixel is 0, second is 1, all the way up to
the count of pixels minus one.
        for(int i=0;i<NUMPIXELS;i++)
        {
                // pixels.Color takes RGB values, from 0,0,0 up to 255,255,255
                pixels.setPixelColor(i, pixels.Color(r,g,b)); // Moderately bright green color.
                pixels.show(); // This sends the updated pixel color to the hardware.
                // delay(delayval); // Delay for a period of time (in milliseconds).
        }
    }

    boolean DecodeString(String INPStr, byte *r, byte *g , byte *b)
    {
                            Serial.print("check sgtring:(") ;
                            Serial.print(INPStr) ;
                                Serial.print(")\n") ;


        int i = 0 ;
        int strsize = INPStr.length();
        for(i = 0 ; i <strsize ;i++)
            {
                            Serial.print(i) ;
                            Serial.print(":(") ;
                                Serial.print(INPStr.substring(i,i+1)) ;
                            Serial.print(")\n") ;

                    if (INPStr.substring(i,i+1) == "@")
                        {
                        Serial.print("find @ at :(") ;
                        Serial.print(i) ;
                            Serial.print("/") ;
                                    Serial.print(strsize-i-1) ;
                            Serial.print("/") ;
                                    Serial.print(INPStr.substring(i+1,strsize)) ;
                        Serial.print(")\n") ;
```

```
                              *r = byte(INPStr.substring(i+1,i+1+3).toInt()) ;
                              *g = byte(INPStr.substring(i+1+3,i+1+3+3).toInt() ) ;
                              *b =
byte(INPStr.substring(i+1+3+3,i+1+3+3+3).toInt() ) ;
                           Serial.print("convert into :(") ;
                            Serial.print(*r) ;
                             Serial.print("/") ;
                            Serial.print(*g) ;
                             Serial.print("/") ;
                            Serial.print(*b) ;
                            Serial.print(")\n") ;

                           return true ;
                     }
                 }
         return false ;

     }
```

程式下載網址：https://github.com/brucetsao/eHUE_Bulb_ESP32

表 14 使用命令控制全彩發光二極體測試程式(include 檔)

使用命令控制全彩發光二極體測試程式(Pinset.h)	
#define WSPIN	8
#define NUMPIXELS	16
#define RxPin	7
#define TxPin	6

程式下載網址：https://github.com/brucetsao/eHUE_Bulb_ESP32

如下圖所示，我們可以看到混色控制全彩發光二極體測試程式結果畫面。

	紅色顯示	綠色顯示	藍色顯示

監控畫面	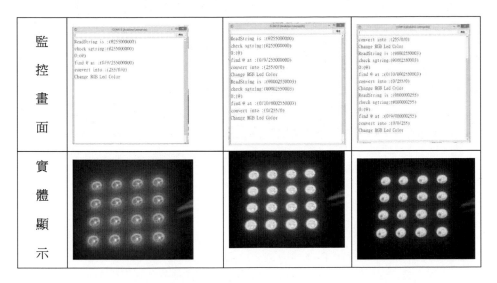
實體顯示	

圖 151 使用命令控制全彩發光二極體測試程式結果畫面

控制命令解釋

由於透過 TCP/IP Socket 通訊方式輸入，將 RGB(紅色、綠色、藍色)三個顏色的代碼輸入，透過解碼來還原 RGB(紅色、綠色、藍色)三個顏色值，進而填入 WS2812B 全彩燈泡模組的發光顏色電壓，來控制顏色。

所以我們使用了『@』這個指令，來當作所有的資料開頭，接下來就是第一個紅色燈光的值，其紅色燈光的值使用『000』~『255』來當作紅色顏色的顏色值，『000』代表紅色燈光全滅，『255』代表紅色燈光全亮，中間的值則為線性明暗之間為主。

接下來就是第二個綠色燈光的值，其綠色燈光的值使用『000』~『255』來當作綠色顏色的顏色值，『000』代表綠色燈光全滅，『255』代表綠色燈光全亮，中間的值則為線性明暗之間為主。

最後一個藍色燈光的值，其藍色燈光的值使用『000』~『255』來當作藍色顏色的顏色值，『000』代表藍色燈光全滅，『255』代表藍色燈光全亮，中間的值則為線性明暗之間為主。

在所有顏色資料傳送完畢之後，所以我們使用了『#』這個指令，來當作所有

的資料的結束，如下圖所示，我們輸入

@255000000#

　　如下圖所示，我們在 TCP Socket 應用程式，在 Send 內容輸入其值：

圖 152 輸入@255000000#

　　如下圖所示，程式就會進行解譯為：R=255，G=000，B=000：

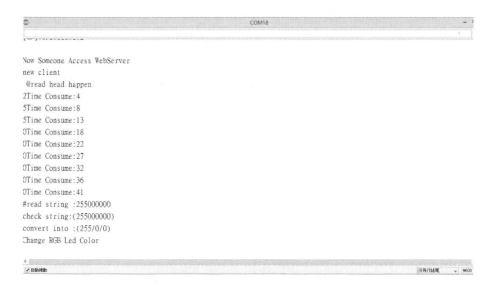

圖 153 @255000000#結果畫面

如下圖所示，我們可以看到混色控制 WS2812B 全彩燈泡模組測試程式結果畫面。

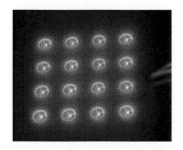

圖 154 @255000000#燈泡顯示

第二次測試

如下圖所示，我們輸入

@000255000#

如下圖所示，我們在 TCP Socket 應用程式，在 Send 內容輸入其值：

圖 155 輸入@000255000#

如下圖所示，程式就會進行解譯為：R=000，G=255，B=000：

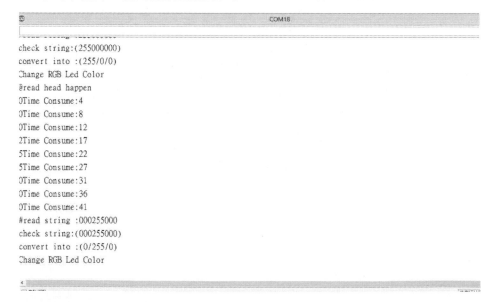

圖 156 @000255000#結果畫面

如下圖所示，我們可以看到混色控制 WS2812B 全彩燈泡模組測試程式結果畫面。

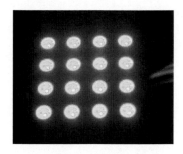

圖 157 @000255000#燈泡顯示

第三次測試

如下圖所示，我們輸入

@000000255#

如下圖所示，我們在 TCP Socket 應用程式，在 Send 內容輸入其值：

圖 158 輸入@000000255#

如下圖所示，程式就會進行解譯為：R=000，G=000，B=255：

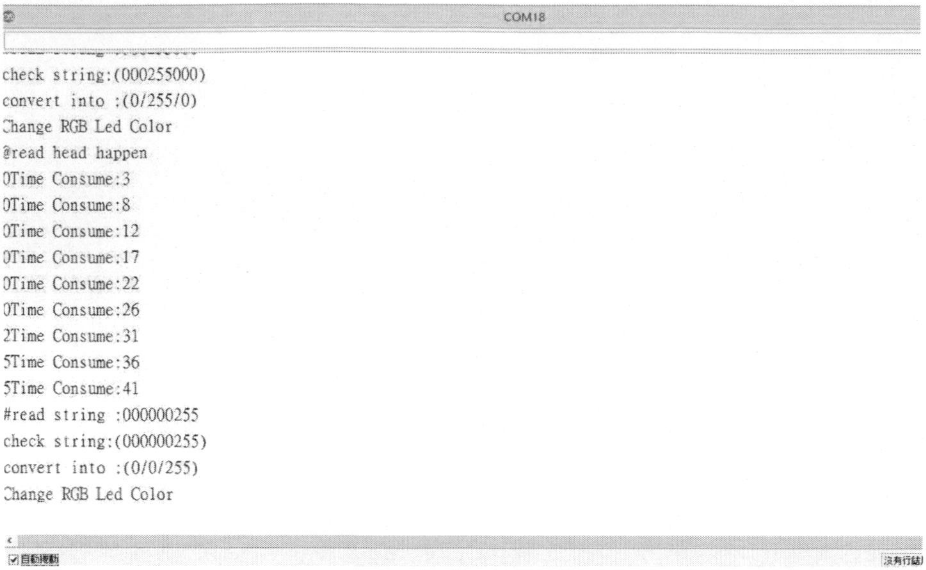

```
check string:(000255000)
convert into :(0/255/0)
Change RGB Led Color
@read head happen
0Time Consume:3
0Time Consume:8
0Time Consume:12
0Time Consume:17
0Time Consume:22
0Time Consume:26
2Time Consume:31
5Time Consume:36
5Time Consume:41
#read string :000000255
check string:(000000255)
convert into :(0/0/255)
Change RGB Led Color
```

☑ 自動捲動   沒有行結

圖 159 @000000255#結果畫面

如下圖所示，我們可以看到混色控制 WS2812B 全彩燈泡模組測試程式結果畫面。

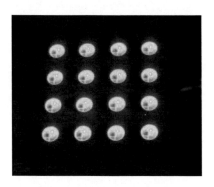

圖 160 @000000255#燈泡顯示

第四次測試(錯誤值)

如下圖所示，我們輸入

128128000#

如下圖所示，我們在 TCP Socket 應用程式，在 Send 內容輸入其值：

圖 161 輸入 128128000#

如下圖所示，我們希望程式就會進行解譯為：R=128，G=128，B=000：

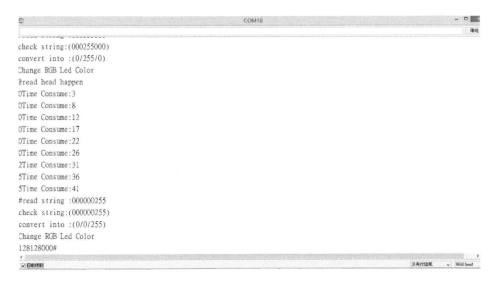

圖 162 128128000#結果畫面

但是在上圖所示，我們可以看到缺乏使用了『@』這個指令來當作所有的資料開頭值，所以無法判別那個值，而無法解譯成功，該 DecodeString(String INPStr, byte *r, byte *g , byte *b)傳回 FALSE，而不進行改變顏色。

第五次測試

如下圖所示，我們輸入

@128128000#

如下圖所示，我們在 TCP Socket 應用程式，在 Send 內容輸入其值：

圖 163 輸入@128128000#

如下圖所示，程式就會進行解譯為：R=128，G=128，B=000：

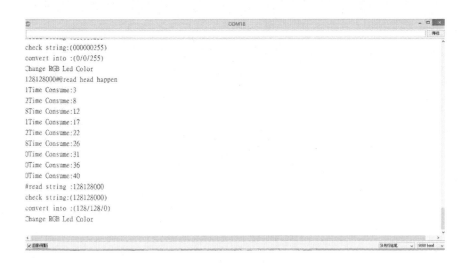

check string:(000000255)
convert into :(0/0/255)
Change RGB Led Color
128128000#@read head happen
1Time Consume:3
2Time Consume:8
8Time Consume:12
1Time Consume:17
2Time Consume:22
8Time Consume:26
0Time Consume:31
0Time Consume:36
0Time Consume:40
#read string :128128000
check string:(128128000)
convert into :(128/128/0)
Change RGB Led Color

圖 164 @128128000#結果畫面

如下圖所示，我們可以看到混色控制 WS2812B 全彩燈泡模組測試程式結果畫面。

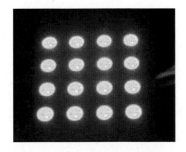

圖 165 @128128000#燈泡顯示

第六次測試

如下圖所示，我們輸入

@000255255#

如下圖所示，我們在 TCP Socket 應用程式，在 Send 內容輸入其值：

圖 166 輸入@000255255#

如下圖所示，程式就會進行解譯為：R=000，G=255，B=255：

圖 167 @000255255#結果畫面

這個結果就請讀者自行測試，本文就不再這裡詳述之。

使用 TCP/IP 控制燈泡

本文希望可以透過 TCP/IP 通訊方式控制燈泡，所以我們參考 ESP32 官網之中，有關於讓 ESP32 連網(網址:

http://www.ESP32.com/project/%E8%AE%93ESP32%E9%80%A3%E7%B6%B2%E5%90%A7%EF%BD%9E/)，參考其原理，我們可以寫出一個 TCP/IP 伺服器控制程式，如下表所示之使用 TCP/IP 控制全彩發光二極體測試程式(曹永忠, 2017)，透過 TCP/IP 命令傳輸來控制全彩發光二極體全彩顏色的測試。

表 15 使用 TCP/IP 控制全彩發光二極體測試程式

使用 TCP/IP 控制全彩發光二極體測試程式(TCP_WSControlRGBLed)

```
#include "Pinset.h"
// NeoPixel Ring simple sketch (c) 2013 Shae Erisson
// released under the GPLv3 license to match the rest of the AdaFruit NeoPixel library
#include <Adafruit_NeoPixel.h>


// Which pin on the Arduino is connected to the NeoPixels?


// How many NeoPixels are attached to the Arduino?

#include <String.h>
Adafruit_NeoPixel pixels = Adafruit_NeoPixel(NUMPIXELS, WSPIN, NEO_GRB +
NEO_KHZ800);

byte RedValue = 0, GreenValue = 0, BlueValue = 0;
String ReadStr = "          " ;

void setup() {
    // put your setup code here, to run once:

      randomSeed(millis());
    Serial.begin(9600) ;
    Serial.println("Program Start Here") ;
    pixels.begin(); // This initializes the NeoPixel library.
```

```
            ChangeBulbColor(RedValue,GreenValue,BlueValue) ;
    }


    int delayval = 500; // delay for half a second


    void loop() {
        // put your main code here, to run repeatedly:
        if (Serial.available() >0)
        {
            ReadStr = Serial.readStringUntil(0x23) ;        // read char @
            //   Serial.read() ;
              Serial.print("ReadString is :(") ;
                Serial.print(ReadStr) ;
                Serial.print(")\n") ;
                if (DecodeString(ReadStr,&RedValue,&GreenValue,&BlueValue) )
                    {
                        Serial.println("Change RGB Led Color") ;
                        ChangeBulbColor(RedValue,GreenValue,BlueValue) ;
                    }
        }



    }


    void ChangeBulbColor(int r,int g,int b)
    {
            // For a set of NeoPixels the first NeoPixel is 0, second is 1, all the way up to
the count of pixels minus one.
        for(int i=0;i<NUMPIXELS;i++)
        {
                // pixels.Color takes RGB values, from 0,0,0 up to 255,255,255
                pixels.setPixelColor(i, pixels.Color(r,g,b)); // Moderately bright green color.
                pixels.show(); // This sends the updated pixel color to the hardware.
                // delay(delayval); // Delay for a period of time (in milliseconds).
        }
    }


    boolean DecodeString(String INPStr, byte *r, byte *g , byte *b)
    {
```

```
                              Serial.print("check sgtring:(") ;
                              Serial.print(INPStr) ;
                                    Serial.print(")\n") ;


             int i = 0 ;
             int strsize = INPStr.length();
             for(i = 0 ; i <strsize ;i++)
                  {
                              Serial.print(i) ;
                              Serial.print(":(") ;
                                    Serial.print(INPStr.substring(i,i+1)) ;
                              Serial.print(")\n") ;


                     if (INPStr.substring(i,i+1) == "@")
                        {
                        Serial.print("find @ at :(") ;
                        Serial.print(i) ;
                            Serial.print("/") ;
                                    Serial.print(strsize-i-1) ;
                            Serial.print("/") ;
                                    Serial.print(INPStr.substring(i+1,strsize)) ;
                        Serial.print(")\n") ;
                          *r = byte(INPStr.substring(i+1,i+1+3).toInt()) ;
                          *g = byte(INPStr.substring(i+1+3,i+1+3+3).toInt() ) ;
                          *b =
byte(INPStr.substring(i+1+3+3,i+1+3+3+3).toInt() ) ;
                                  Serial.print("convert into :(") ;
                            Serial.print(*r) ;
                              Serial.print("/") ;
                            Serial.print(*g) ;
                              Serial.print("/") ;
                            Serial.print(*b) ;
                              Serial.print(")\n") ;


                            return true ;
                        }
                  }
             return false ;
```

```
                    }
```

程式下載網址:https://github.com/brucetsao/eHUE_Bulb_ESP32

表 16 使用 TCP/IP 控制全彩發光二極體測試程式(include 檔)

使用 TCP/IP 控制全彩發光二極體測試程式(Pinset.h)

```
// Which pin on the Arduino is connected to the NeoPixels?
#define WSPIN              8

// How many NeoPixels are attached to the Arduino?
#define NUMPIXELS       16
#define RxPin         7
#define TxPin         6
#define _Debug 1
#define TestLed 1
#include <String.h>
#define CheckColorDelayTime 200
#define initDelayTime 2000
#define CommandDelay 100
int CheckColor[][3] = {
                              {255 , 255,255} ,
                              {255 , 0,0} ,
                              {0 , 255,0} ,
                              {0 , 0,255} ,
                              {255 , 128,64} ,
                              {255 , 255,0} ,
                              {0 , 255,255} ,
                              {255 , 0,255} ,
                              {255 , 255,255} ,
                              {255 , 128,0} ,
                              {255 , 128,128} ,
                              {128 , 255,255} ,
                              {128 , 128,192} ,
                              {0 , 128,255} ,
                              {255 , 0,128} ,
                              {128 , 64,64} ,
                              {0 , 0,0} } ;
```

　　如下圖所示，我們可以在開發工具中的序列埠監控視窗中，看到下列系統啟動的畫面，我們可以看到已經成功建立 TCP/IP 控制燈泡的伺服器。

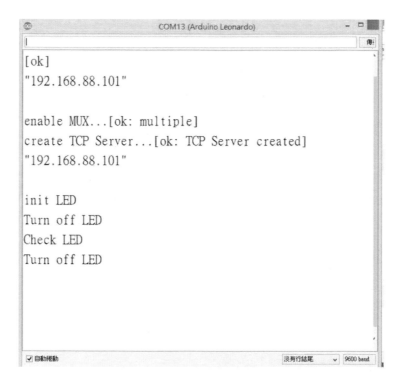

圖 168 TCP 伺服器啟動結果畫面

　　如下圖所示，我們使用手機的 TCP Socket 應用程式(下面會介紹如何安裝)，輸入控制碼『@255255000#』，我們可以在 Arduino 開發工具中的序列埠監控視窗中，看到下列畫面，我們可以看到已經成功接收到『@255255000#』命令，並已成功解譯為三原色之顏色代碼，並且已成功控制燈泡的顏色。

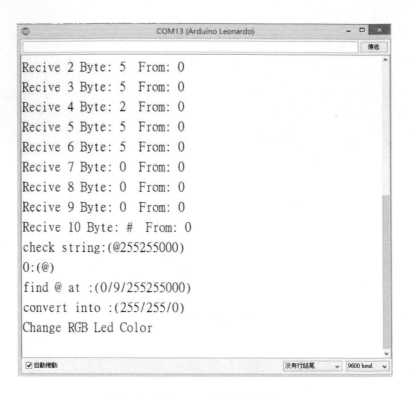

圖 169 透過 TCP 命令改變燈泡

如下圖所示，我們發現現實的 WS2812B RGB LED 燈泡已經成功改變顏色。

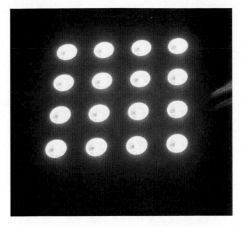

圖 170 接受 TCP 命令改變燈泡顏色

安裝手機端 TCP 通訊程式

目前階段筆者並不開發 TCP/IP 通訊應用軟體，由於開發這樣 TCP/IP 通訊軟體並不容易，且也不易在本章介紹，因為本章主要介紹通訊原理，我們先使用現成可用的 TCP/IP 通訊應用軟體，接下來我們會介紹完整的 Android 手機應用程式開發。

首先，我們使用 Android 手機進行測試，如下圖所示，我們進入 Google Play 商店，使用搜索功能，輸入『tcp socket』進行搜尋，如下圖所示之第二個紅框所示，選擇 TCP Socket 手機應用程式，進行安裝。

圖 171 GooglePlay 商店畫面

　　如下圖所示，安裝好 TCP Socket 手機應用程式之後，可以在手機桌面可以看
到該應用軟體。

圖 172 安裝好程式畫面

如下圖所示，我們執行 TCP Socket 手機應用程式，進入執行畫面。

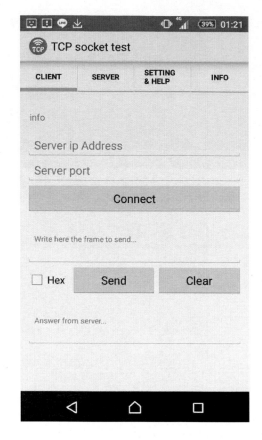

圖 173 系統啟動畫面

　　我們先行輸入連接的位址(IP Address)與通訊埠(Port)，其資料可以參考圖 168 之位址資訊，本文為 192.168.88.101，通訊埠可以在表 15 之程式中，可以看到：wifi.createTCPServer(8080);，我們可以看到使用 8080 通訊埠。

　　如下圖所示，我們使用輸入 IP: 192.168.88.101，Port:8080 的資訊系統之中。

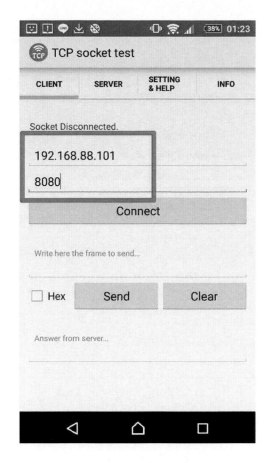

圖 174 輸入 IP 與通訊埠

如下圖所示，我們輸入下圖所示之第一個紅框，輸入伺服器網址與通訊埠:8080，再按下『Connect』進行伺服器連接，下一個我們輸入下圖所示之第二個紅框，輸入控制代碼『@255255000#』，再按下『Send』傳輸控制命令，我們發現可以成功控制如所示下圖所示之燈泡顯示。

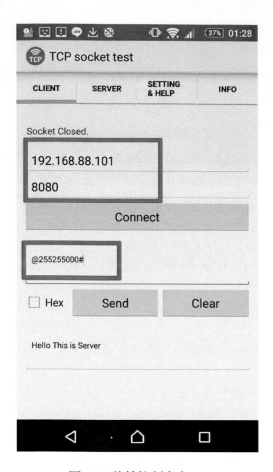

圖 175 傳輸控制命令

如下圖所示，我們使用手機的 TCP Socket 應用程式，輸入控制碼『@255255000#』，我們可以在 Arduino 開發工具中的序列埠監控視窗中，看到下列畫面，我們可以看到已經成功接收到『@255255000#』命令，並已成功解譯為三原色之顏色代碼，並且已成功控制燈泡的顏色。

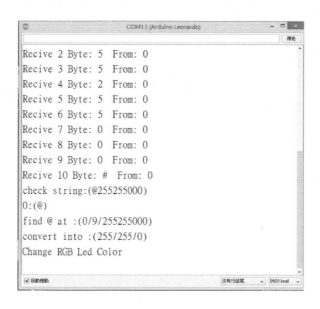

圖 176 透過 TCP 命令改變燈泡

如下圖所示，我們發現 WS2812B RGB LED 燈泡已經成功改變顏色。

圖 177 接受 TCP 命令改變燈泡顏色

章節小結

本章主要介紹本書專案主題之 ESP32 開發板控制 WS2812B 全彩燈泡模組，透過 TCP/IP 傳輸 RGB 三原色代碼，來控制 WS2812B 全彩燈泡模組三原色混色，產生想要的顏色，透過本章節的解說，相信讀者會對 TCP/IP 連接、傳輸、使用 WS2812B

全彩燈泡模組，並透過 TCP/IP 傳輸 RGB 三原色代碼，來控制 WS2812B 全彩燈泡

模組三原色混色，產生想要的顏色，有更深入的了解與體認。

CHAPTER

氣氛燈泡外殼組裝

　　筆者寫過幾本書:『Ameba 氣氛燈程式開發(智慧家庭篇):Using Ameba to Develop a Hue Light Bulb (Smart Home)』(曹永忠, 吳佳駿, et al., 2016a, 2016b)、『藍芽氣氛燈程式開發(智慧家庭篇) (Using Nano to Develop a Bluetooth-Control Hue Light Bulb (Smart Home Series))』(曹永忠, 吳佳駿, 許智誠, & 蔡英德, 2017d; 曹永忠, 吳佳駿, et al., 2017e)、『Ameba 8710 Wifi 氣氛燈硬體開發(智慧家庭篇) (Using Ameba 8710 to Develop a WIFI-Controled Hue Light Bulb (Smart Home Serise))』(曹永忠, 許智誠, & 蔡英德, 2017a; 曹永忠, 許智誠, et al., 2017b)、『Pieceduino 氣氛燈程式開發(智慧家庭篇): Using Pieceduino to Develop a WIFI-Controled Hue Light Bulb (Smart Home Serise)』({[曹永忠, 2018 #2701)}，上述書籍都是由筆者親手手工開發這個燈泡，由於希望可以普及教學，筆者委託慧手科技有限公司(網址：https://www.motoduino.com/)開發專用的 PCB 板與零件代售，讀者可以在網址：https://www.motoduino.com/product/%E6%99%BA%E6%85%A7%E5%AE%B6%E5%B1%85wi-fi-%E5%A4%A2%E5%B9%BB%E7%87%88%E6%B3%A1/，接洽該公司。

資料來源：慧手科技有限公司官網：

https://www.motoduino.com/product/%E6%99%BA%E6%85%A7%E5%AE%B6%E5
%B1%85wi-fi-%E5%A4%A2%E5%B9%BB%E7%87%88%E6%B3%A1/

本章節主要介紹，我們如何應用慧手科技有限公司販售的智慧家居之氣氛燈泡
零件，組立一個完整的燈泡。

硬體組立

LED 燈泡外殼

如下圖所示，我們可以看到市售常見的 LED 燈泡，我們要將整個氣氛燈泡的
電路，裝載在燈泡內部，並且透過市電 110V 或 220V 的交流電，供電給整個氣氛
燈泡的電力。

圖 179 市售 LED 燈泡

如下圖所示，我們可以看到市售常見的 LED 燈泡，將燈泡插在一般的 E27 燈

座[4]上，並插在市電 110V 或 220V 的交流電插座上，便可以供電給整個氣氛燈泡足夠的電力。

圖 180 LED 燈泡與燈座

E27 金屬燈座殼

為了透過市電 110V 或 220V 的交流電的插座，我們必須要有上圖所示之 E27 燈座，為了這個 E27 燈座，如下圖所示，我們準備 E27 金屬燈座殼零件。

---

[4] E27 燈頭：螺旋式燈座代號，字母 E 表示愛迪生螺紋的螺旋燈座，「E」后的數字錶示燈座螺紋外徑的整數值..螺旋燈座與燈頭配合的螺紋，應符合 GB1005-67《燈頭和燈座用螺紋》的規定。 常用的燈泡螺紋代號就是 E27，燈頭大徑 26.15~26.45，燈頭小徑 23.96~24.26.燈口大徑 26.55~26.85，燈口小徑 24.36~24.66 (http://www.twwiki.com/wiki/E27%E7%87%88%E9%A0%AD)

圖 181 E27 金屬燈座零件

如下圖所示，我們將 E27 金屬燈座殼進行組立。

圖 182 E27 金屬燈座零件

接出 E27 金屬燈座殼電力線

為了透過市電 110V 或 220V 的交流電的插座，我們必須要有上圖所示之 E27 燈座，而這個 E27 燈座必須連接到電路，如下圖所示，我們必須將 E27 金屬燈座殼零件連接上兩條 AC 交流的電線，讓市電 110V 或 220V 的交流電的插座的電力可以傳送到變壓器。

圖 183 接出 E27 金屬燈座殼電力線

接出 AC 交流電線

為了將市電 110V 或 220V 的交流電接出電線,如下圖所示之連接出 AC 電線。

圖 184 連接出 AC 電線

準備 WS2812B 彩色燈泡模組

如下圖所示,準備 WS2812B 彩色燈泡模組。

圖 185 WS2812B 彩色燈泡模組

如下圖所示,我們可以看到 WS2812B 彩色燈泡模組的背面接腳。

圖 186 翻開 WS2812B 全彩燈泡模組背面

WS2812B 彩色燈泡模組電路連接

如下圖所示,我們看到 WS2812B 彩色燈泡模組的背面接腳中,我們看到下圖所示之右邊紅框處，可以看到電路輸入端：VCC 與 GND，另外為資料輸入端:IN(Data In)。

圖 187 找到 WS2812B 全彩燈泡模組背面需要焊接腳位

如下圖所示，我們使用三條一公一母的杜邦線，將公頭一端剪斷，連接到 WS2812B 彩色燈泡模組: 電路輸入端：VCC 與 GND，另外為資料輸入端:IN(Data In)，並將三條公頭一端的線露出如下圖所示。

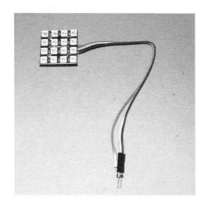

圖 188 焊接好之 WS2812B 全彩燈泡模組

讀者可以參考下圖所示之控制 WS2812B 全彩燈泡模組連接電路圖，進行電路組立。

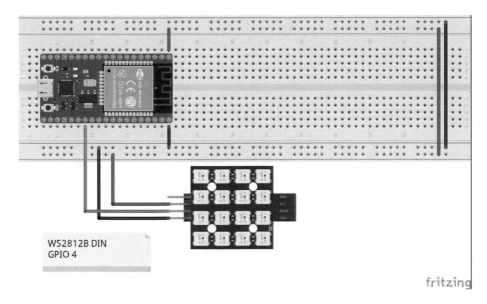

圖 189 控制 WS2812B 全彩燈泡模組連接電路圖

讀者也可以參考下表之 WS2812B 全彩燈泡模組接腳表，進行電路組立。

表 17 控制 WS2812B 全彩燈泡模組接腳表

接腳	接腳說明	開發板接腳
1	麵包板 Vcc(紅線)	接電源正極(5V)
2	麵包板 GND(藍線)	接電源負極
3	Data In(IN)	開發板 GPIO 4

ESP32 開發板置入燈泡

如下圖所示，我們將智慧家居之氣氛燈泡的 PCB 板拿到，可以看到大部分零件都以組立完成。

圖 190 連接好電路的 ESP32 開發板

如下圖所示，我們將 ESP32 開發板置入連接好電路的慧家居之氣氛燈泡的 PCB 板。

圖 191 將 ESP32 開發板置入 PCB 板

確認開發板裝置正確

如下圖所示，我們將 ESP32 開發板置入 PCB 板，請參考下圖，不要弄錯方向，以免 ESP32 開發板燒毀。

(a). 組立電路正面圖

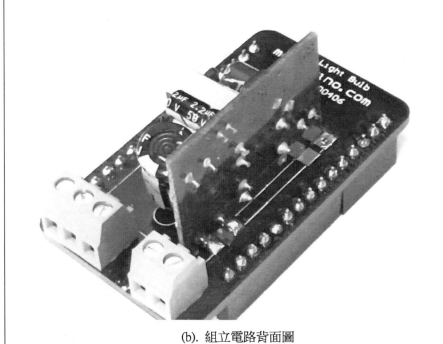

(b). 組立電路背面圖

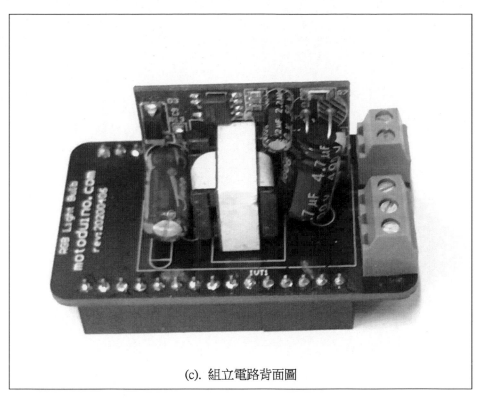

(c). 組立電路背面圖

圖 192 組立開發板之電路圖

整合WS2818B電路

如下圖所示，我們 WS2812B 燈板置入 PCB 板，請參考下圖，不要弄錯方向，以免 ESP32 開發板燒毀。

圖 193 整合ＷＳ２８１８Ｂ電路

將 PCB 板置入燈泡

　　如下圖所示，我們將 PCB 板置入燈泡，請參考下圖，不要弄錯方向，以免 ESP32 開發板燒毀。

圖 194 將 PCB 板置入燈泡

裁減燈泡隔板

　　如下圖所示，我們將厚紙板隔板，根據燈殼上蓋與下殼大小，剪裁如圓形一般，大小剛剛好可以置入燈泡內。

圖 195 裁減燈泡隔板

WS2812B 彩色燈泡模組黏上隔板

如下圖所示，我們將 WS2812B 彩色燈泡模組至於厚紙板隔板正上方(以圓心為中心)，用熱熔膠將 WS2812B 彩色燈泡模組固定於厚紙板隔板正上方。

圖 196 WS2812B 彩色燈泡模組黏上隔板

WS2812B 彩色燈泡隔板放置燈泡上

如下圖所示，我們將裝置好 WS2812B 彩色燈泡模組的厚紙板隔板，放置燈泡下殼上方，請注意，大小要能塞入燈殼，並不影響上蓋卡入。

圖 197 WS2812B 彩色燈泡隔板放置燈泡上

蓋上燈泡上蓋

如下圖所示，我們將燈泡上蓋蓋上，請注意必須要卡住燈泡下殼之卡榫。

圖 198 蓋上燈泡上蓋

完成組立

如下圖所示,我們將氣氛燈泡完成組立。

圖 199 完成組立

燈泡放置燈座與插上電源

如下圖所示,我們將組立好的氣氛燈泡,旋入 E27 燈座之上,準備測試。

圖 200 燈泡放置燈座

插上電源

如下圖所示，我們將組立好的氣氛燈泡，旋入 E27 燈座之後，並將 E27 燈座插入 AC 市電插座之上，並將開關打開，準備測試。

　。

圖 201 插上電源

燈泡韌體安裝

接下來，我們一步一步教導讀者設定韌體開發環境與安裝，快速的將氣氛燈泡的韌體進行編譯後，燒錄到氣氛燈泡，進行測試。

安裝 WS2812B 函式庫

但是如果讀者尚未安裝 ESP32 開發板開發環境,請回到第一章閱讀,如果讀者在燒錄前,沒有安裝『Adafruit_NeoPixel』函式庫,請參考筆者拙作:ESP32 程式設計(基礎篇):ESP32 IOT Programming (Basic Concept & Tricks)({[曹永忠, 2020 #5339;曹永忠, 2020 #5340;曹永忠, 2020 #5347;曹永忠, 2020 #5346;曹永忠, 2020 #5353;曹永忠, 2020 #5354)},閱讀線上安裝函式庫,或接續下文到 GITHUB 下載與安裝『Adafruit_NeoPixel』函式庫。

函式庫下載與安裝

如下圖所示,請讀者到 GIT HUB 的網頁,網址: https://github.com/,:

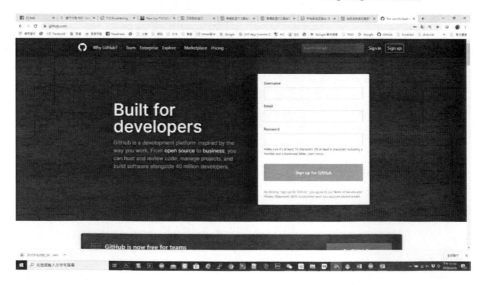

圖 202 GIT HUB 的網頁

如下圖所示，請讀者到 GIT HUB 的網頁，註冊 Github 帳號：

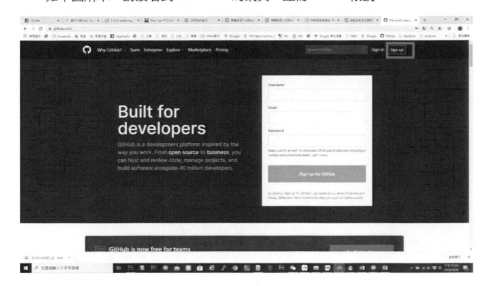

圖 203 請註冊 Github

如下圖所示，讀者註冊 GIT HUB 完畢後，請登入 GIT HUB，網址：

https://github.com/，：

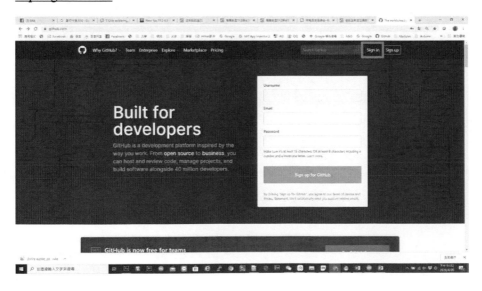

圖 204 請登入 Github

如下圖所示，請讀者用註冊的帳號，登入 Github：

圖 205 登入 Github

如下圖所示，登入後 Github 後，可以看到下列畫面：

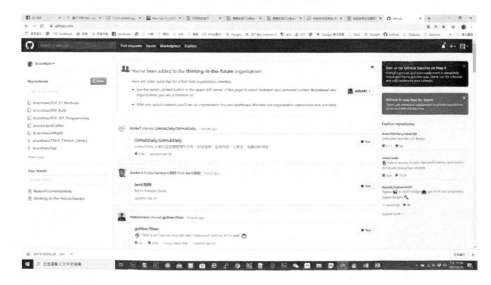

圖 206 登入 Github 後

如下圖所示，請讀者點選查詢：

圖 207 點選開始查詢

如下圖所示，請讀者輸入要查詢關鍵字：『ws2812』

圖 208 輸入要查詢關鍵字

如下圖所示，網頁回應列出查詢結果：

圖 209 列出查詢結果

如下圖所示，請讀者往下捲，可以看到下圖所示之找到要查詢的函式庫：

『Adafruit_NeoPixel』

圖 210 找到要查詢的函式庫

如下圖所示，請讀者點選要進入的函式庫： 『Adafruit_NeoPixel』

圖 211 點選要進入的函式庫

如下圖所示，請讀者進到我們要的函式庫

圖 212 進到我們要的函式庫

如下圖所示,請讀者點選下載函式庫

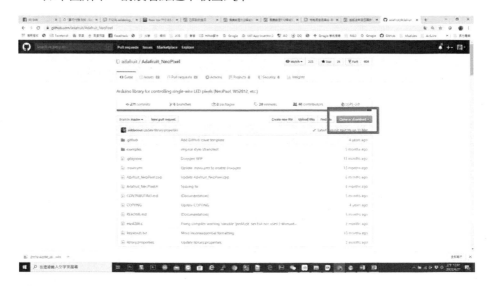

圖 213 點選下載函式庫

如下圖所示，請讀者下載函式庫壓縮檔

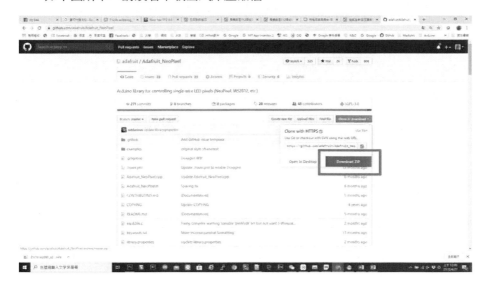

圖 214 下載函式庫壓縮檔

如下圖所示，請讀者選擇下載檔案儲存目錄

圖 215 選擇下載檔案儲存目錄

手動安裝函式庫

如下圖所示，請讀者選擇管理程式庫：

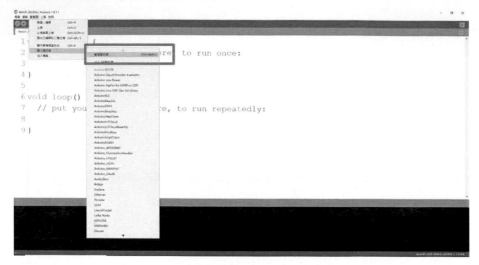

圖 216 選擇管理程式庫

如下圖所示，請讀者匯入 ZIP 程式庫：

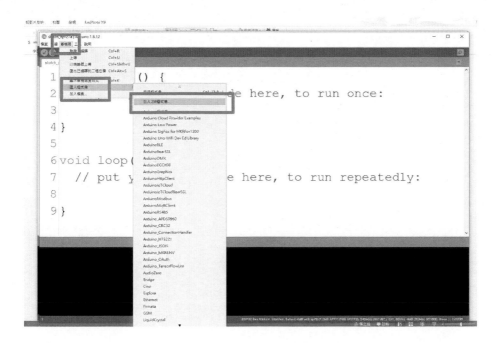

圖 217 匯入 ZIP 程式庫

如下圖所示，請讀者選擇匯入 ZIP 程式庫之路徑(資料夾)：

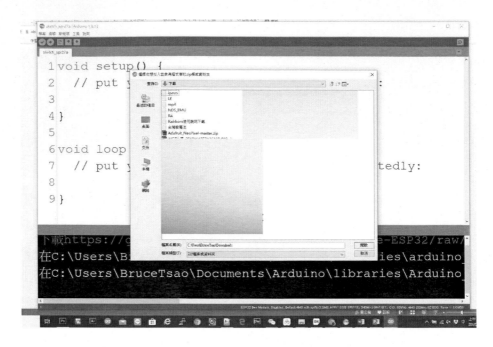

圖 218 選擇匯入 ZIP 程式庫之路徑(資料夾)

如下圖所示，請讀者匯入下載之 ZIP 程式庫：

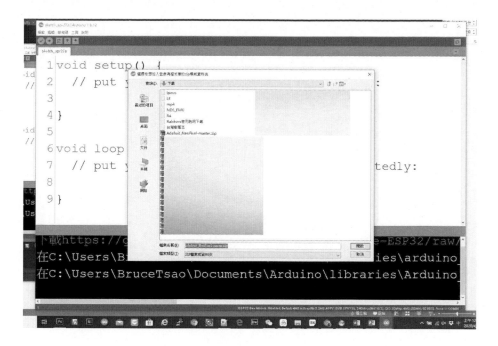

圖 219 匯入下載之 ZIP 程式庫

如下圖所示，請讀者確定匯入下載之 ZIP 程式庫：

圖 220 確定匯入下載之 ZIP 程式庫

韌體下載與燒錄

如下圖所示，我們可以在筆者的 Github 網站(https://github.com/brucetsao)下，進入本書的原始碼區，網址是：

https://github.com/brucetsao/ESP_Bulb/tree/master/Codes/ESPWifiControlRGBLed_V2，我們可以將這個韌體下載到 Arduino 開發環境，進行燒錄韌體到 ESP32 開發板上。

我們將 Arduno 開發板的驅動程式安裝好之後，我們打開 Arduino 開發板的開發工具：Sketch IDE 整合開發軟體(軟體下載請到：https://www.arduino.cc/en/Main/Software)，我們寫出 ESP32 氣氛燈泡韌體程式，來控氣氛燈泡之控制程式。

表 18 ESP32 氣氛燈泡韌體程式

ESP32 氣氛燈泡韌體程式(ESPWifiControlRGBLed_V2)

```
#include "Pinset.h"
#include <WiFi.h>
// WiFiClient client ;



// Set web server port number to 80
WiFiServer server(8080);
// NeoPixel Ring simple sketch (c) 2013 Shae Erisson
// released under the GPLv3 license to match the rest of the AdaFruit NeoPixel library
#include <Adafruit_NeoPixel.h>


// Which pin on the Arduino is connected to the NeoPixels?


// How many NeoPixels are attached to the Arduino?


Adafruit_NeoPixel pixels = Adafruit_NeoPixel(NUMPIXELS, WSPIN, NEO_GRB +
NEO_KHZ800);




void setup() {
    // put your setup code here, to run once:
        initAll() ;
            Serial.print("Setting AP (Access Point)…");
    // Remove the password parameter, if you want the AP (Access Point) to be open
    WiFi.softAP(APid, APpwd);

    IPAddress IP = WiFi.softAPIP();
    Serial.print("\n\nAP IP address: ");
    Serial.println(IP);
            server.begin();
```

```
    // client = server.available();
        delay(initDelayTime) ;      //wait 2 seconds
        DebugMsgln("Waiting for Wifi APPs Connection") ;
}


void loop()
{

 // WiFiClient client = server.available();
        Serial.println("Waiting for Connecting") ;
    readok = false ;
    // put your main code here, to run repeatedly:
    if (Serial.available() >0)
    {
        ReadStr = Serial.readStringUntil(0x23) ;        // read char #
        //   Serial.read() ;
        DebugMsg("ReadString is :(") ;
        DebugMsg(ReadStr) ;
        DebugMsg(")\n") ;
        if (DecodeString(ReadStr,&RedValue,&GreenValue,&BlueValue) )
            {
            DebugMsgln("Change RGB Led Color") ;
            ChangeBulbColor(RedValue,GreenValue,BlueValue) ;
            }
    }
    //------------------
    // if (server.available()>0)
    //    {
    WiFiClient client   = server.available() ;
        if (client)
        {
            Serial.println("Now Someone Access WebServer");

            Serial.println("new client");
            // an http request ends with a blank line
            //boolean currentLineIsBlank = true;
            while (client.connected())
                {
```

```
//      Serial.print("client connected  in while");
//          Serial.println(millis());
        if (client.available())
        {
            //   Serial.println("something readrable");
            c = client.read();
            Serial.print(c) ;
            // give the web browser time to receive the data
            if (c == '@')
            {
                        Serial.println("read head happen");
                    ReadStr = ""   ;
                    strtime =    millis() ;
                    count = 0 ;
                        while(true)      // for enter read string
                        {

                            if (client.available())
                                {
                                    c = client.read();
                                    Serial.print(c) ;

                                    if (c == '#')
                                        {
                                            readok = true ;
                                            count ++ ;
                                            break ;
                                        }    //   read ending   symbol
                                    else
                                        {
                                            ReadStr.concat(c) ;
                            //                Serial.println(ReadStr) ;
                                            count ++ ;
                                        }
                                }        //end of client.available()
                            Serial.print("Time Consume:") ;
                            Serial.println(millis() - strtime) ;
                            if ((millis() - strtime ) > MaxReceive-
WaitTime)
```

```
                                    {
                                            Serial.println("waiting
too long ");
                                        readok = false ;
                                        break ;
                                    }        //judge too long time to wait-
ing
                                if (count > MaxReceiveCharCount)
                                    {
                                            Serial.println("Read
Chars too many");
                                        readok = false ;
                                        break ;
                                    }    //judge read too more char

                            }        //end of read command string (FROM BEGIN @ AS
WHILE)


                    }    //(c == '@')   judge read starting symbol

                }    //(client.available())    some data incoming

            // close the connection:
            if (readok)
                    {
                        Serial.print("read string :");
                        Serial.println(ReadStr) ;
                            if
(WifiDecodeString(ReadStr,&RedValue,&GreenValue,&BlueValue) )
                            {
                                    DebugMsgln("Change RGB Led Color") ;
                                    ChangeBulbColor(RedValue,GreenValue,BlueValue) ;
                            }        // end of if
(WifiDecodeString(ReadStr,&RedValue,&GreenValue,&BlueValue) )
                        readok = false ;
                        ReadStr = "" ;
                    }    // end of if (readok)
            Serial.println("Wait for Command");
```

```
        }    //end of while (client.connected())
        Serial.print("Client Disconnected");
      // free(client) ;
      // Serial.print("Client Status:(");
      //   Serial.print(client.status());
      //   Serial.print(")\n\n");

          //   return ;
          Serial.println("Waiting for Receiving") ;
      }    //   end of   if (client)



//    } // end of     if (server.available()>0)


    //-------------------------------------------


}

void ChangeBulbColor(int r,int g,int b)
{
      // For a set of NeoPixels the first NeoPixel is 0, second is 1, all the way up to the
count of pixels minus one.
    for(int i=0;i<NUMPIXELS;i++)
    {
          // pixels.Color takes RGB values, from 0,0,0 up to 255,255,255
          pixels.setPixelColor(i, pixels.Color(r,g,b)); // Moderately bright green color.

          // delay(delayval); // Delay for a period of time (in milliseconds).
    }
        pixels.show(); // This sends the updated pixel color to the hardware.
}
boolean WifiDecodeString(String INPStr, byte *r, byte *g , byte *b)
{
                      Serial.print("check string:(") ;
                      Serial.print(INPStr) ;
                          Serial.print(")\n") ;

      int i = 0 ;
      int strsize = INPStr.length();
```

```
                              *r = byte(INPStr.substring(i,i+3).toInt()) ;
                              *g = byte(INPStr.substring(i+3,i+3+3).toInt() ) ;
                              *b = byte(INPStr.substring(i+3+3,i+3+3+3).toInt() ) ;
                                Serial.print("convert into :(") ;
                                  Serial.print(*r) ;
                                    Serial.print("/") ;
                                  Serial.print(*g) ;
                                    Serial.print("/") ;
                                  Serial.print(*b) ;
                                    Serial.print(")\n") ;
                                return true ;


}
boolean DecodeString(String INPStr, byte *r, byte *g , byte *b)
{
                        Serial.print("check string:(") ;
                        Serial.print(INPStr) ;
                            Serial.print(")\n") ;


        int i = 0 ;
        int strsize = INPStr.length();
        for(i = 0 ; i <strsize ;i++)
              {
                        Serial.print(i) ;
                        Serial.print(":(") ;
                            Serial.print(INPStr.substring(i,i+1)) ;
                        Serial.print(")\n") ;

                  if (INPStr.substring(i,i+1) == "@")
                      {
                      Serial.print("find @ at :(") ;
                      Serial.print(i) ;
                            Serial.print("/") ;
                                    Serial.print(strsize-i-1) ;
                            Serial.print("/") ;
                                    Serial.print(INPStr.substring(i+1,strsize)) ;
                      Serial.print(")\n") ;
                        *r = byte(INPStr.substring(i+1,i+1+3).toInt()) ;
```

```
                        *g = byte(INPStr.substring(i+1+3,i+1+3+3).toInt() ) ;
                        *b = byte(INPStr.substring(i+1+3+3,i+1+3+3+3).toInt() ) ;
                        Serial.print("convert into :(") ;
                          Serial.print(*r) ;
                            Serial.print("/") ;
                          Serial.print(*g) ;
                            Serial.print("/") ;
                          Serial.print(*b) ;
                            Serial.print(")\n") ;

                        return true ;
                }
            }
      return false ;

}
void CheckLed()
{
      for(int i = 0 ; i <16; i++)
          {
                  ChangeBulbCol-
or(CheckColor[i][0],CheckColor[i][1],CheckColor[i][2]) ;
                  delay(CheckColorDelayTime) ;
          }
}
void DebugMsg(String msg)
{
      if (_Debug != 0)
          {
              Serial.print(msg) ;
          }

}
void DebugMsgln(String msg)
{
      if (_Debug != 0)
          {
              Serial.println(msg) ;
          }
```

```
}

void initAll()
{

    Serial.begin(9600);
      Serial2.begin(9600, SERIAL_8N1, RXD2, TXD2);
    Serial.println("System Start") ;
      //------------------
      MacData = GetMacAddress() ;
      ChangeAPName() ;


      pixels.begin();
    pixels.setBrightness(255);    // Lower brightness and save eyeballs!
    pixels.show(); // Initialize all pixels to 'off'


      DebugMsgln("Program Start Here") ;
        pixels.begin(); // This initializes the NeoPixel library.
        DebugMsgln("init LED") ;
    ChangeBulbColor(RedValue,GreenValue,BlueValue) ;
        DebugMsgln("Turn off LED") ;
        if (TestLed ==   1)
            {
                    CheckLed() ;
                       DebugMsgln("Check LED") ;
                       ChangeBulbColor(RedValue,GreenValue,BlueValue) ;
                       DebugMsgln("Turn off LED") ;

            }


      DebugMsgln("Clear Buffer") ;



}

String GetMacAddress() {
```

```
  // the MAC address of your WiFi shield
  String Tmp = "" ;
  byte mac[6];

  // print your MAC address:
  WiFi.macAddress(mac);
  for (int i=0; i<6; i++)
    {
        Tmp.concat(print2HEX(mac[i])) ;
    }
    Tmp.toUpperCase() ;
  return Tmp ;
}




String   print2HEX(int number) {
  String ttt ;
  if (number >= 0 && number < 16)
  {
    ttt = String("0") + String(number,HEX);
  }
  else
  {
      ttt = String(number,HEX);
  }
  return ttt ;
}




void ChangeAPName()
{

  Serial.print("Inner Changeapname:(") ;
  Serial.print(NewAPname) ;
  Serial.print("/") ;
  NewAPname.concat(MacData.substring(6,12)) ;
  Serial.print(NewAPname) ;
  Serial.print("/") ;
```

```
strcpy(&APid[0],&NewAPname[0]) ;
Serial.print(APid) ;
Serial.print("\n") ;


   }
```

https://github.com/brucetsao/ESP_Bulb/tree/master/Codes/ESPWifiControlRGBLed_V2

表 19 ESP32 氣氛燈泡韌體程式(include file)

ESP32 氣氛燈泡韌體程式(Pinset.h)

```
#define _Debug 1
#define TestLed 1
#include <String.h>
#define WSPIN            4
#define NUMPIXELS       16
#define RXD2 16
#define TXD2 17
long strtime ;
String connectstr ;
String MacData ;
// Replace with your network credentials
//char* APid[13] = "BLUB1234" ;
char APid[16] ;
char* APpwd = "12345678";
byte RedValue = 0, GreenValue = 0, BlueValue = 0;
String NewAPname ="BLUB" ;
String ReadStr = "        " ;
int delayval = 500; // delay for half a second
boolean readok = false ;
char c ;
int count ;
#define CheckColorDelayTime 200
#define initDelayTime 2000
#define CommandDelay 100


#define MaxReceiveWaitTime 3000
```

```
#define MaxReceiveCharCount 30
#define CheckColorDelayTime 500
#define initDelayTime 2000
#define CommandDelay 100

int CheckColor[][3] = {
                        {255 , 255,255} ,
                        {255 , 0,0} ,
                        {0 , 255,0} ,
                        {0 , 0,255} ,
                        {255 , 128,64} ,
                        {255 , 255,0} ,
                        {0 , 255,255} ,
                        {255 , 0,255} ,
                        {255 , 255,255} ,
                        {255 , 128,0} ,
                        {255 , 128,128} ,
                        {128 , 255,255} ,
                        {128 , 128,192} ,
                        {0 , 128,255} ,
                        {255 , 0,128} ,
                        {128 , 64,64} ,
                        {0 , 0,0} } ;
```

程式碼：

https://github.com/brucetsao/ESP_Bulb/tree/master/Codes/ESPWifiControlRGBLed_V2

程式編譯完成後，上傳到 ESP32 開發板之後，完成氣氛燈泡之軔體。

手機應用軟體安裝

接下來，我們一步一步教導讀者手機端應用軟體開發環境設定與安裝，快速的將氣氛燈泡的手機端應用軟體進行編譯後，轉成手機應用程式到智慧型手機，進行測試。

上傳燈泡手機程式

如 下 圖 所 示 ， 請 讀 者 進 入 燈 泡 Github ：
https://github.com/brucetsao/ESP_Bulb/tree/master/APPs

圖 221 進入燈泡 Github

如 下 圖 所 示 ， 請 讀 者 進 入 燈 泡 APP_Github ：
https://github.com/brucetsao/ESP_Bulb/tree/master/APPs

圖 222 進入燈泡 APP_Github

如下圖所示，請讀者下載燈泡 APP：

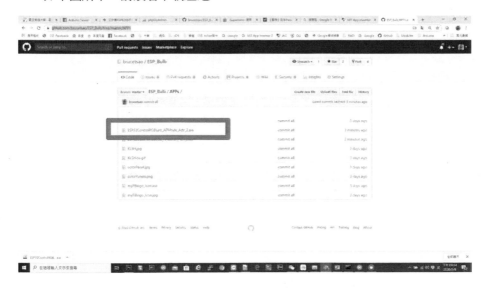

圖 223 下載燈泡 APP

如下圖所示，請讀者確定已下載燈泡 APP：

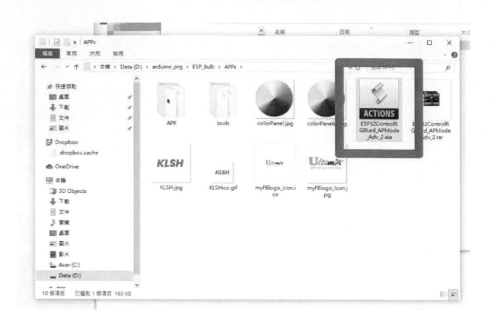

圖 224 已下載燈泡 APP

如下圖所示，請讀者到 AI2 專案畫面：

圖 225AI2 專案畫面

如下圖所示，請讀者從電腦插入 APP 原始碼檔：

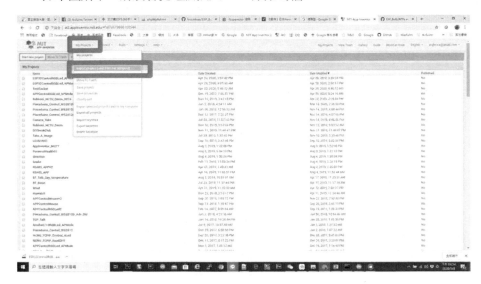

圖 226 從電腦插入 APP 原始碼檔

如下圖所示，請讀者輸入 APP 原始碼檔：

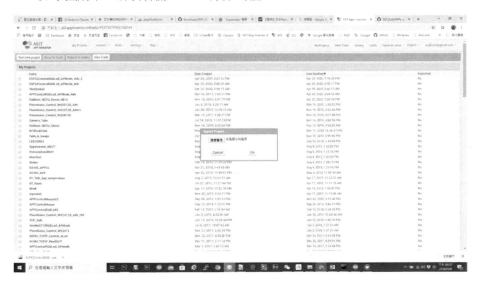

圖 227 輸入 APP 原始碼檔

如下圖所示，請讀者選擇已下載之 APP 原始碼檔：

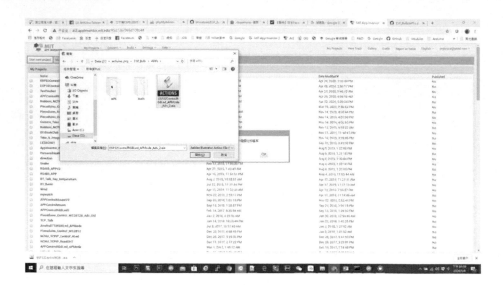

圖 228 選擇已下載之 APP 原始碼檔

如下圖所示，請讀者開啟已下載之 APP 原始碼檔：

圖 229 開啟已下載之 APP 原始碼檔

如下圖所示，請讀者同意上傳 APP 原始碼檔：

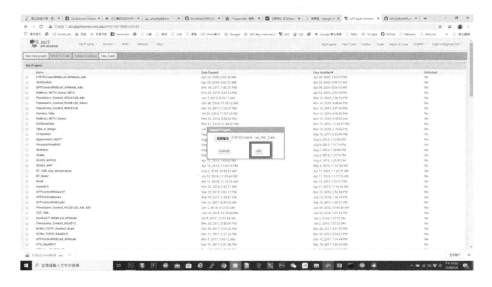

圖 230 同意上傳 APP 原始碼檔

如下圖所示，請讀者確定上傳成功：

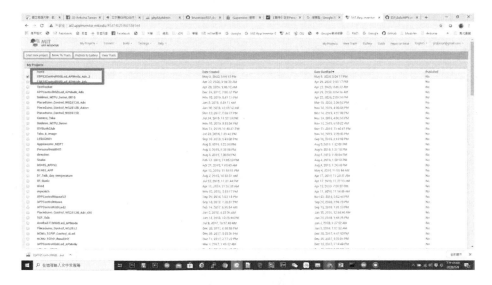

圖 231 上傳成功

如下圖所示，請讀者確定進入手機 APP 原始碼畫面：

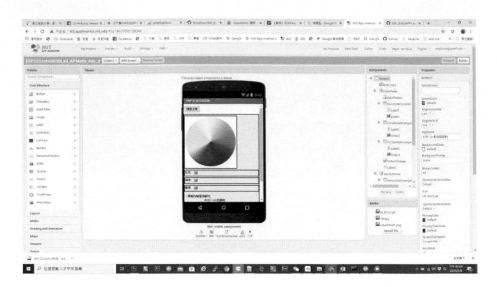

圖 232 進入手機 APP 原始碼畫面

開發程式手機端測試

如下圖所示,請讀者確定進入**執行 AppInventor 程式**,啟動手機測試功能:

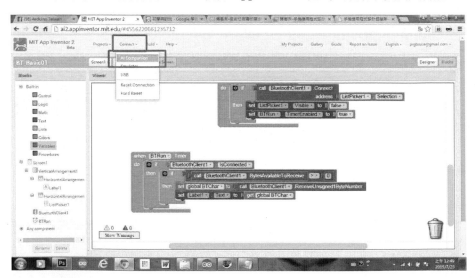

圖 233 啟動手機測試功能

如下圖所示,請讀者手機 QRCODE:

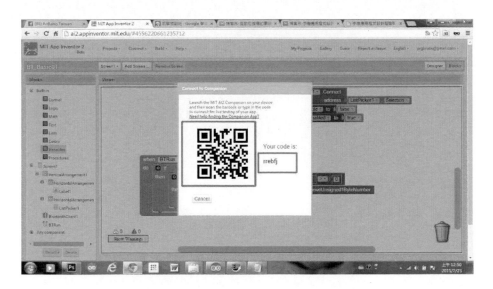

圖 234 手機 QRCODE

如下圖所示，請讀者確定啟動 MIT_AI2_Companion：

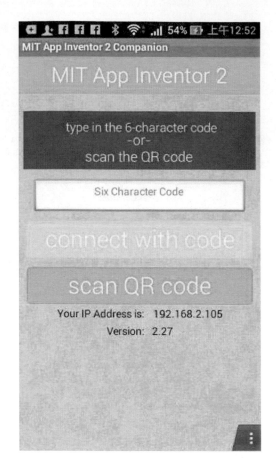

圖 235 啟動 MIT_AI2_Companion

如下圖所示，請讀者使用手機掃描 QRCode：

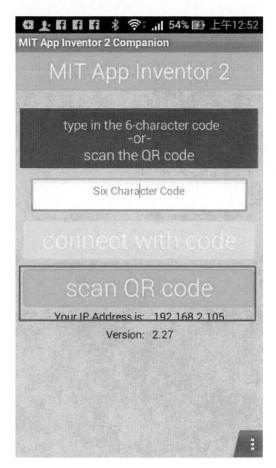

圖 236 掃描 QRCode

如下圖所示，請讀者確定掃描 QRCodeing：

圖 237 掃描 QRCodeing

如下圖所示，請讀者確定手機取得 QR 程式碼：

圖 238 取得 QR 程式碼

如下圖所示，請讀者確定執行程式：

圖 239 執行程式

手機端軟體下載

　　如下圖所示，我們可以在筆者的 Github 網站(https://github.com/brucetsao)下，進入本書的原始碼區，網址是：https://github.com/brucetsao/eHUE_Bulb_ESP32，我們可以到網址：

https://github.com/brucetsao/ESP_Bulb/blob/master/APPs/APK/ESP32ControlRGBLed_APMode_Adv_2.apk，下載這個 APK 安裝程式。

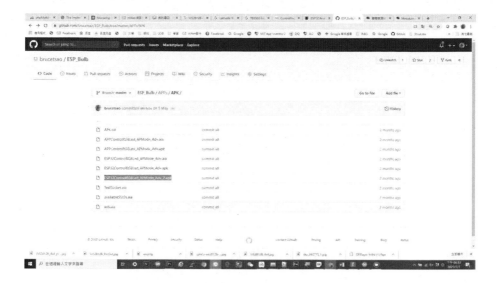

圖 240 APK 下載頁面(智慧家居之氣氛燈泡)

軟體安裝

我們下載好 GITHUB 之 ESP32(ESP32ControlRGBLed_APMode_Adv_2.apk)控制氣

氛燈安裝程式到手內，如下圖所示，請打開桌面。

圖 241 打開桌面

如下圖所示，我們執行手機的安裝程式來安裝『台中女中夢幻燈：
ESP32ControlRGBLed_APMode_Adv_2.apk』，本文為『檔案總管』。

圖 242 執行桌面檔案總管

如下圖所示，我們選擇『下載好 GITHUB 之 ESP32 控制氣氛燈安裝程式』之

存放目錄，本文為 SD 卡。

圖 243 選擇下載空間

進入 SD 卡後，如下圖所示，我們選擇『下載好 GITHUB 之 ESP32ControlRGBLed_APMode_Adv_2.apk』之存放目錄，本文為『download』。

圖 244 選擇 download 目錄

　　進　入　download　目　錄　後　，　如　下　圖　所　示　，　我　們　選　擇
『ESP32ControlRGBLed_APMode_Adv_2.apk』檔案，點選之後，開始安裝。

圖 245 點選下載檔案執行

    如下圖所示，系統會詢問您是否安裝，我們只要點選如下圖所示之紅框區：安裝，進行安裝台中女中夢幻燈。

圖 246 點選安裝

　　由於 Android 作業下統權限管理，如下圖所示，系統會詢問一些安裝權限問題，基本上我們同意，開始安裝台中女中夢幻燈。

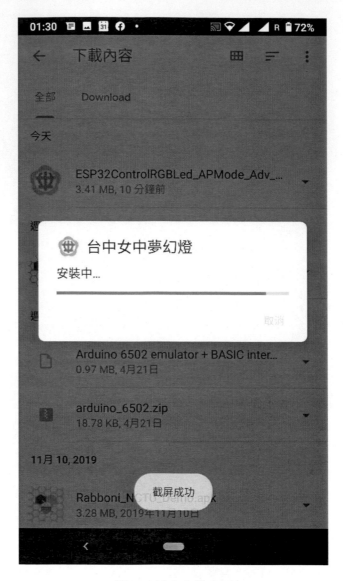

圖 247 進入安裝畫面

如下圖所示，我們可以見到開始安裝台中女中夢幻燈的畫面。

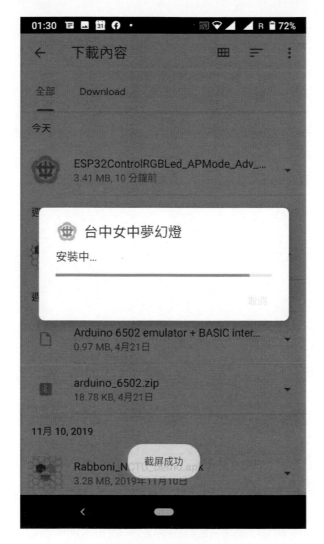

圖 248 開始安裝

      如下圖所示，我們見到『已安裝的應用程式』的訊息，代表台中女中夢幻燈已經安裝成功。

圖 249 安裝完成

如下圖所示紅框區所示之台中女中夢幻燈，我們可以點選『開啟』來執行我們安裝好的應用程式。

圖 250 開啟程式

手機應用軟體環境設定

由於氣氛燈泡使用 Wifi 網路環境，所以手機端應用軟體也必須針對 Wifi 網路
環境進行設置，方可以使用智慧型手機，進行測試。

設定網路執行環境

如下圖所示，我們進入手機桌面：

圖 251 手機桌面

如下圖所示，我們安裝好『台中女中夢幻燈：ESP32ControlRGBLed_APMode_Adv_2.apk』之應用程式之後，在執行前，我們必須先設定網路執行環境 。

圖 252 執行系統設定

　　如下圖所示，我們開啟 Android 作業系統的『系統設定』之應用程式，我們可

以看到下列畫面系統設定主畫面 。

18:06

Q 搜尋設定

📶 網路和網際網路
Wi-Fi、行動網路、數據用量和無線基地台

🔲 已連結的裝置
藍牙、NFC

⋮⋮⋮ 應用程式和通知
最近使用的應用程式、預設應用程式

🔋 電池
20% - 預估還能持續使用到21:30

☀ 顯示
桌布、休眠、字型大小

🔊 音效
音量、震動、零打擾

☰ 儲存空間
已使用：49% - 可用空間：32.92 GB

👁 隱私
權限、帳戶活動、個人資料

圖 253 系統設定主畫面

如下圖所示，我們選擇『點選網際網路設定。

圖 254 點選網際網路設定

如下圖所示，我們進到網際網路設定主畫面：

圖 255 網際網路設定主畫面

如下圖所示，我們點選 Wifi 設定。

圖 256 點選 Wifi 設定

如下圖所示，系統會進行搜尋 Wifi 網路：

圖 257 搜尋 Wifi 網路

如下圖所示，系統會進行搜尋 Wifi 網路之後，會發現選燈泡之無線熱點，根據筆者開發的燈泡韌體，所有燈泡之無線熱點皆為『BULBXXXXXX』，XXXXXX 為燈泡之 MAC 網址之後六碼(十六進位字母)：

圖 258 搜尋到選燈泡之無線熱點

如下圖所示,點選燈泡之無線熱點:

圖 259 點選燈泡之無線熱點

如下圖所示，點選燈泡之無線熱點進行連線：

圖 260 點選燈泡之無線熱點進行連線

如下圖所示，系統出現連線燈泡熱點之連線畫面：

圖 261 連線燈泡熱點之連線畫面

如下圖所示，請輸入輸入燈泡熱點連線密碼，連線密碼預設為『12345678』：

圖 262 輸入燈泡熱點連線密碼

如下圖所示，輸入密碼後，與燈泡熱點連線：

圖 263 與燈泡熱點連線

如下圖所示，我們已完成 Wifi 網路之完成燈泡熱點連線：

圖 264 完成燈泡熱點連線

桌面執行軟體

如下圖所示，我們進到手機桌面：

圖 265 打開桌面

如下圖所示，我們可以看到以安裝好 APK 之桌面，為台中女中夢幻燈：

圖 266 以安裝好 APK 之桌面

整合測試

我們將於氣氛燈泡韌體安裝、安裝手機端應用軟體並對 Wifi 網路環境進行設置後，我們可以開始進行整合測試。

如下圖所示，我們點選氣氛燈泡主程式：台中女中夢幻燈：

圖 267 點選氣氛燈泡主程式

執行 ESP32 控制氣氛燈之應用程式

　　我們點選執行『氣氛燈泡主程式：台中女中夢幻燈』之應用程式，由下圖所示，
可以進到主畫面。

圖 268 執行程式主畫面

由下圖所示，一開始，進入畫面之後，請點選如下圖所示之紅框處『連線』，進行氣氛燈泡之網路連線。

圖 269 連到燈泡

由下圖所示，完成網路伺服器連線之後，我們進到操控主畫面 。

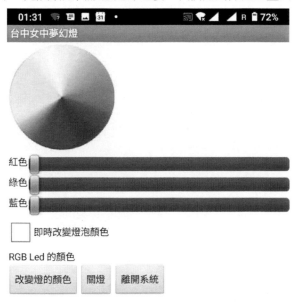

圖 270 系統主畫面

由下圖所示，我們就可以透過點選色盤圖或 R：紅色、G：綠色、B：藍色之
三原色 之控制 Bar 來控制燈泡顏色。

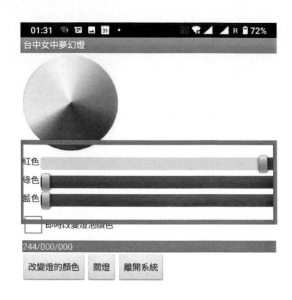

圖 271 控制主畫面-改變顏色

燈泡展示畫面

我們執行『氣氛燈泡主程式：台中女中夢幻燈』之應用程式後，由下圖所示，
我們可以看到燈泡的控制結果。

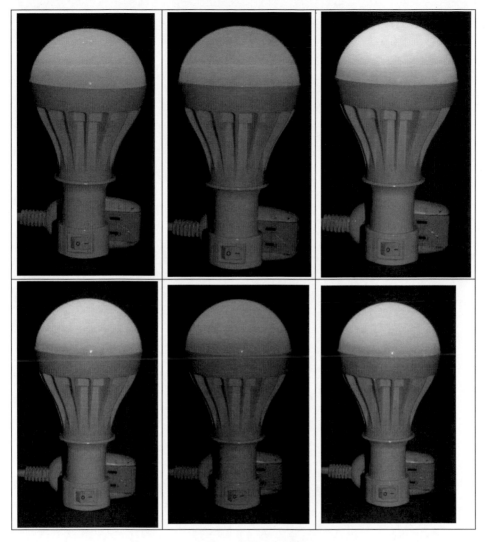

圖 272 燈泡展示畫面

章節小結

　　本章主要介紹之如何透過 LED 燈泡外殼，將整個電路裝入 LED 燈泡外殼，開
發出如 LED 家用燈泡一樣的產品，並下載與安裝本書開發的：氣氛燈泡主程式：
台中女中夢幻燈應用程式，來進行氣氛燈泡硬體的測試。

10

CHAPTER

手機應用程式開發

上章節介紹，我們已經可以使用 ESP32 開發板整合 TCP/IP 傳輸，控制 WS2812B 全彩燈泡模組，並透過手機 TCPIP Socket 應用程式之鍵盤輸入功能，將 RGB(紅色、綠色、藍色)三個顏色的代碼輸入，透過解碼來還原 RGB(紅色、綠色、藍色)三個顏色值，進而透過 TCP/IP 傳輸，傳送控制指令來控制 WS2812B 全彩燈泡模組，進而控制顏色，如此已經充分驗證 ESP32 開發板控制 WS2812B 全彩燈泡模組可行性。

如何執行 AppInventor 程式

如下圖所示，我們使用 Chrome 瀏覽器，開啟瀏覽器後，到 Google Search(網址：https://www.google.com.tw/)，輸入『App Inventor 2』。

圖 273 搜尋 App_Inventor_2

如下圖紅框處所示，我們找到 **App Inventor 2**。

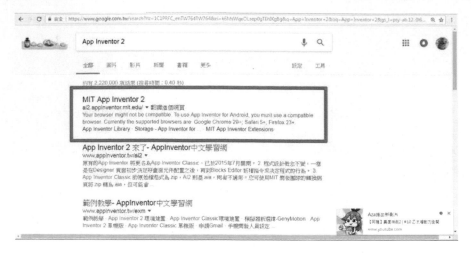

圖 274 找到 App Inventor 2

如下圖紅框處所示，我們點選 App Inventor 2，進入 App Inventor 2。

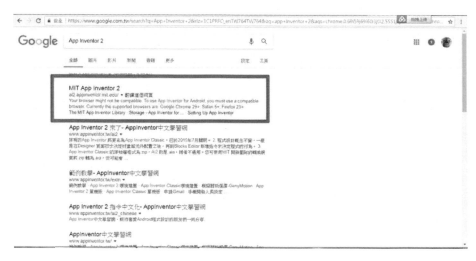

圖 275 點選 App Inventor 2

進入 App Inventor 2 之後，一般而言，如下圖所示，我們可以進入 App Inventor 2 專案目錄的功能之中。

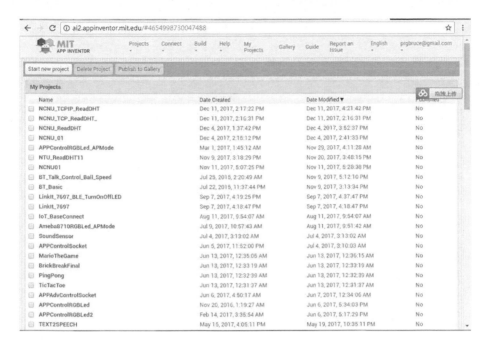

圖 276 App Inventor 2 專案目錄

開啟新專案

進入 App Inventor 2 開發環境中，第一個看到的是如下圖所示之專案保管箱的
目錄，我們可以如下圖所示，我們在 App Inventor 2 專案保管箱畫面之中，開立一
個新專案。

- 如下圖紅框處，我們點選『My projects』。
- 接下來，我們點選『Start new project』。

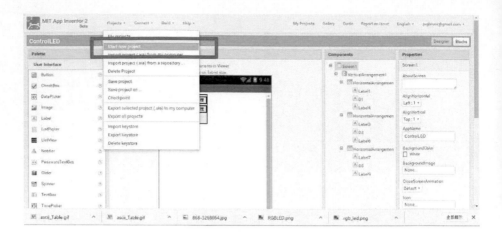

圖 277 建立新專案

如下圖所示，我們先將新專案命名為 ESP32ControlRGBLed_APMode_Adv_3。

圖 278 命名新專案為 ESP32_Control_WS2812B

建立新專案之後，如下圖所示，我們可以進到新專案主畫面。

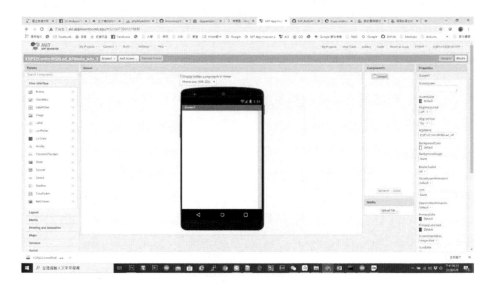

圖 279 新專案主畫面

通訊畫面開發

Wifi 基本通訊畫面開發

首先,如下圖所示,我們先拉出的 VerticalArrangement。

圖 280 拉出的 VerticalArrangement

首先，如下圖所示，我們先拉出按鈕。

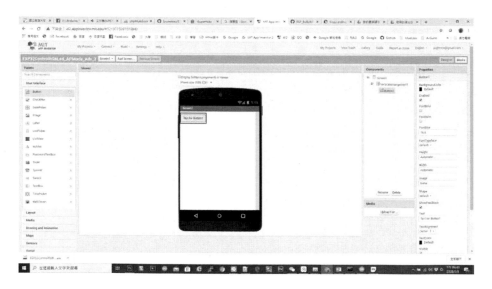

圖 281 拉出按鈕

首先，如下圖所示，我們先修改按鈕文字。

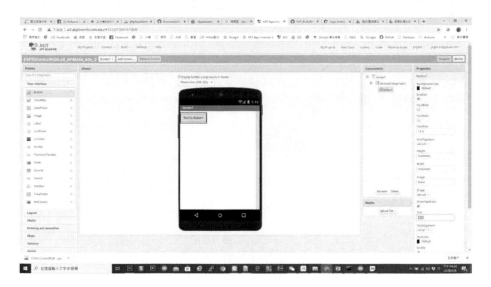

圖 282 修改按鈕文字

首先，如下圖所示，我們先修改按鈕名稱。

圖 283 修改按鈕名稱

首先，如下圖所示，我們先改變 VerticalArrangement 寬度。

圖 284 改變 VerticalArrangement 寬度

首先，如下圖所示，我們先改變 VerticalArrangement 名稱。

圖 285 改變 VerticalArrangement 名稱

控制介面開發

色盤設計

首先，如下圖所示，我們先**拉出** VerticalArrangement1。

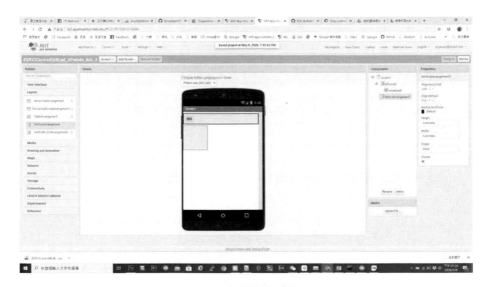

圖 286 **拉出** VerticalArrangement1

首先，如下圖所示，我們先**變更** VerticalArrangement1 名稱。

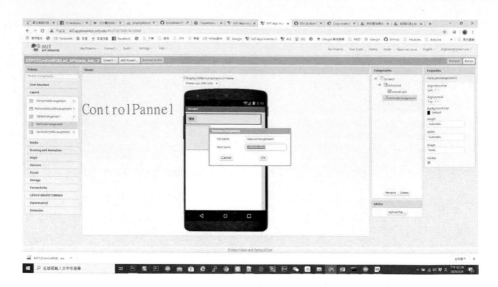

圖 287 變更 VerticalArrangement1 名稱

首先，如下圖所示，我們先**變更** ControlPanel **寬度**。

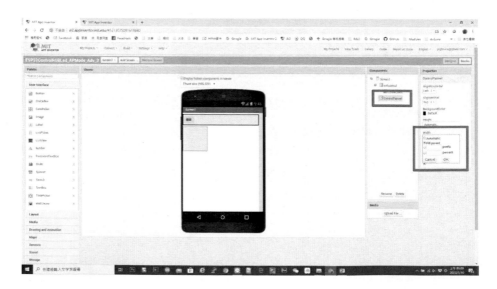

圖 288 變更 ControlPanel 寬度

首先，如下圖所示，我們先**完成變更** ControlPanel **寬度**。

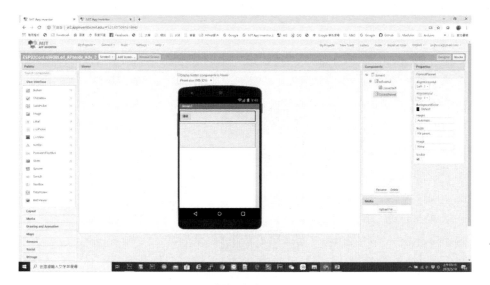

圖 289 完成變更 ControlPanel 寬度

首先，如下圖所示，我們先**拉出 canvas 物件**。

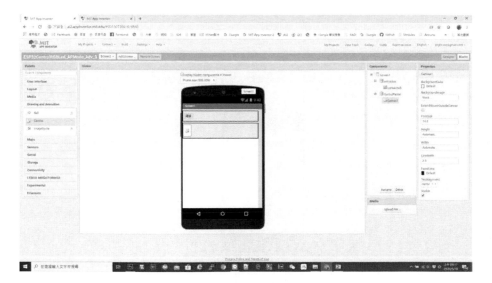

圖 290 拉出 canvas 物件

首先，如下圖所示，我們先**變更 canvas 物件名稱為 ColorPanels**。

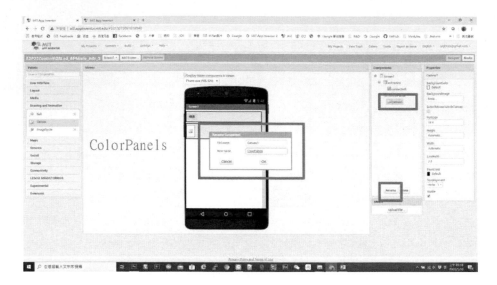

圖 291 變更 canvas 物件名稱為 ColorPanels

首先，如下圖所示，我們先**上傳圖檔**。

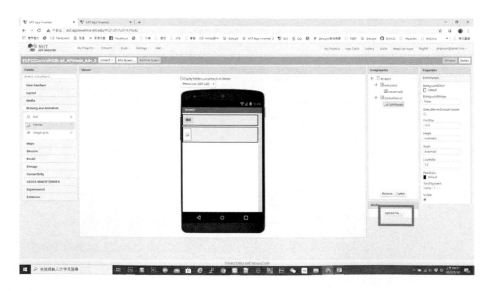

圖 292 上傳圖檔

首先，如下圖所示，**出現上傳圖檔對話盒**。

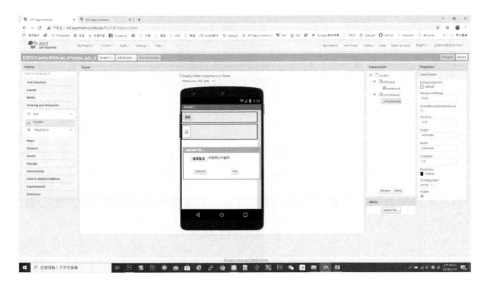

圖 293 出現上傳圖檔對話盒

首先，如下圖所示，我們先**選擇圖檔**。

圖 294 **選擇圖檔**

首先，如下圖所示，我們先**同意上傳圖檔**。

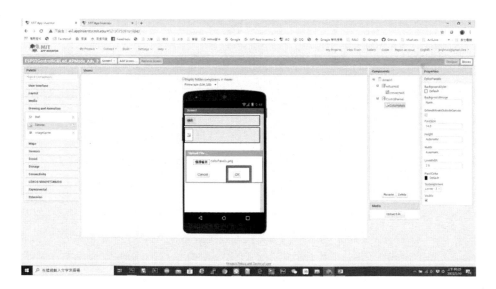

圖 295 **同意上傳圖檔**

首先，如下圖所示，我們先**完成上傳圖檔**。

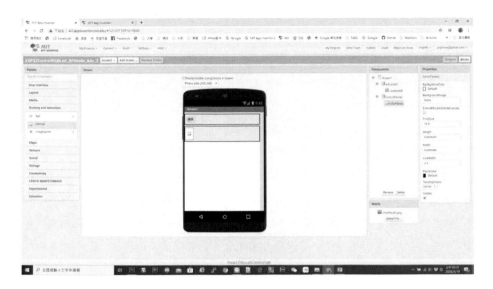

圖 296 完成上傳圖檔

首先，如下圖所示，我們先**設定圖檔**。

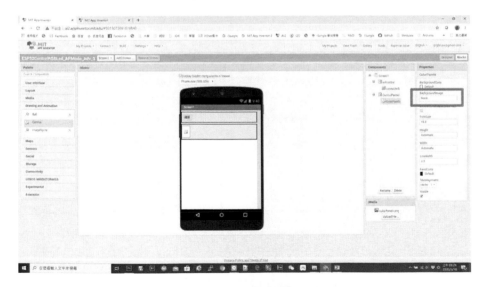

圖 297 設定圖檔

首先，如下圖所示，我們先**選擇剛才上傳之圖檔**。

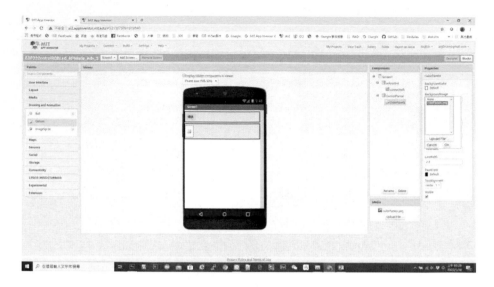

圖 298 **選擇剛才上傳之圖檔**

首先，如下圖所示，我們先**確定上傳之圖檔**。

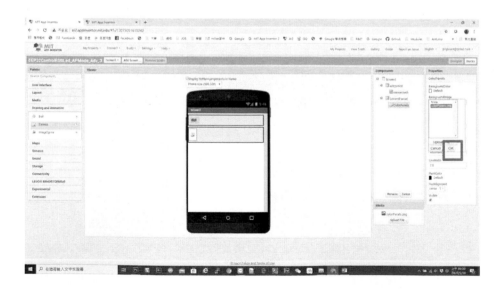

圖 299 **確定上傳之圖檔**

首先，如下圖所示，我們**完成色盤**設定。

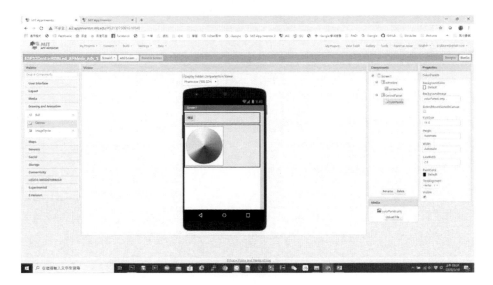

圖 300 **完成色盤設定**

首先，如下圖所示，我們**設定視窗**可以卷軸。

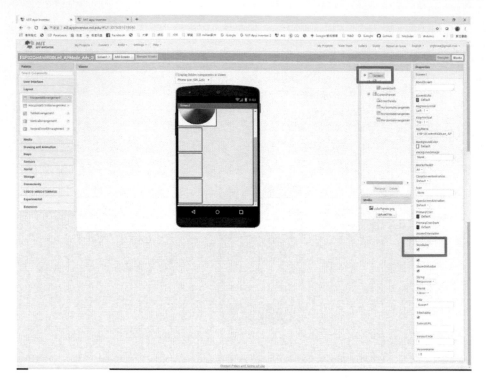

圖 301 設定視窗可以卷軸

顏色控制設計

介面設計

首先，如下圖所示，我們必須要先**拉出三個** HorizontalArrangement。

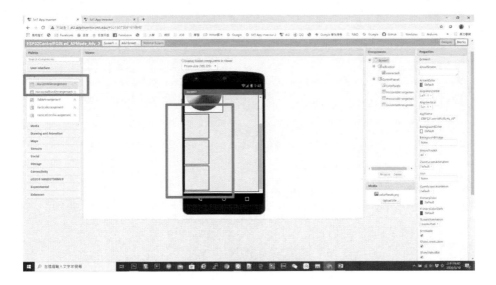

圖 302 拉出三個 HorizontalArrangement

首先，如下圖所示，我們必須要先**拉出三個 Label 物件**。

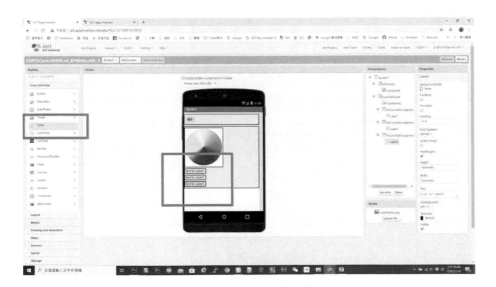

圖 303 拉出三個 Label 物件

首先，如下圖所示，我們必須要先**變更三個 Label 物件顯示文字文紅綠藍**。

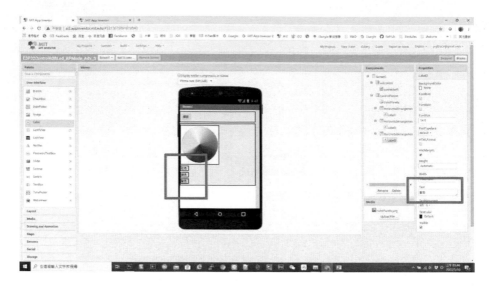

圖 304 **變更三個 Label 物件顯示文字文紅綠藍**

首先，如下圖所示，我們必須要先**拉出三個 Slider 物件**。

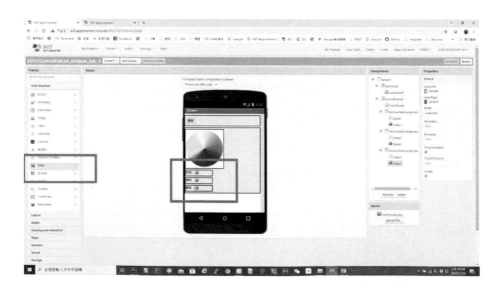

圖 305 拉出三個 Slider 物件

首先，如下圖所示，我們必須要先**設定第一個 Slider 物件控制值域**。

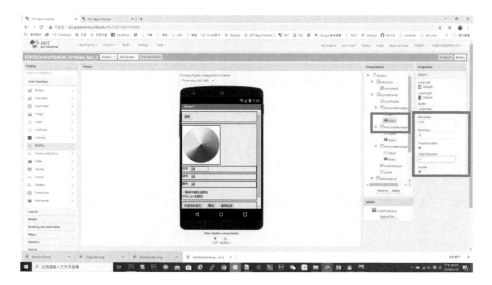

圖 306 設定第一個 Slider 物件控制值域

首先，如下圖所示，我們必須要先**設定第一個 Slider 物件寬度最大**。

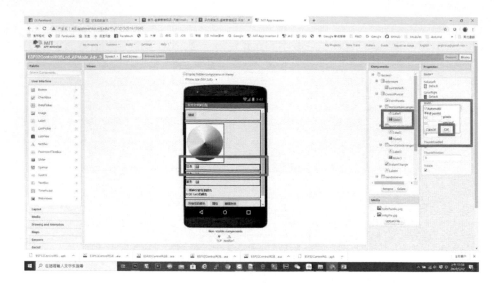

圖 307 設定第一個 Slider 物件寬度最大

首先，如下圖所示，我們必須要先設定第二個 Slider 物件控制值域。

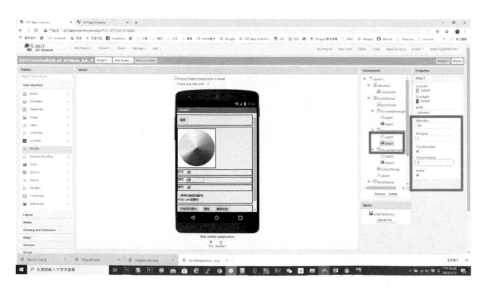

圖 308 設定第二個 Slider 物件控制值域

首先，如下圖所示，我們必須要先**設定第二個 Slider 物件寬度最大**。

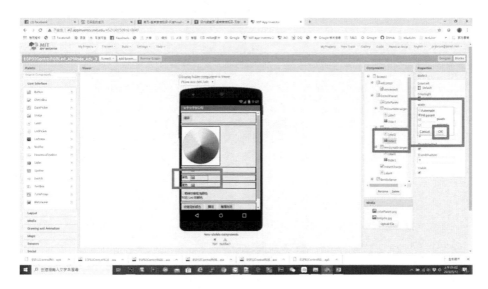

圖 309 設定第二個 Slider 物件寬度最大

首先，如下圖所示，我們必須要先**設定第三個 Slider 物件控制值域**。

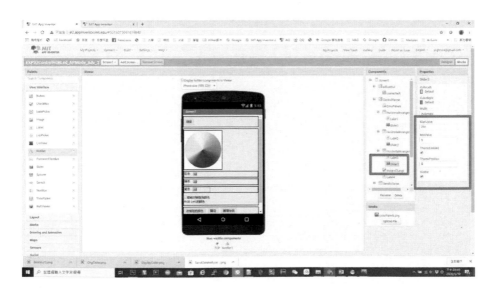

圖 310 設定第三個 Slider 物件控制值域

首先，如下圖所示，我們必須要先**設定第三個 Slider 物件寬度最大**。

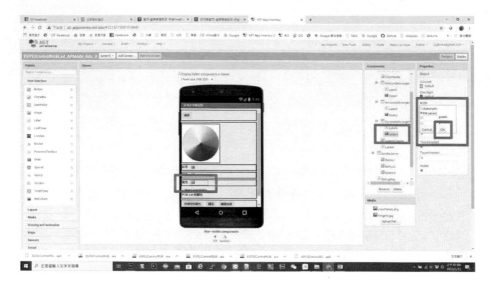

圖 311 設定第三個 Slider 物件寬度最大

首先，如下圖所示，我們必須要先**設定 HorizontalArrangement1 之寬度最大**。

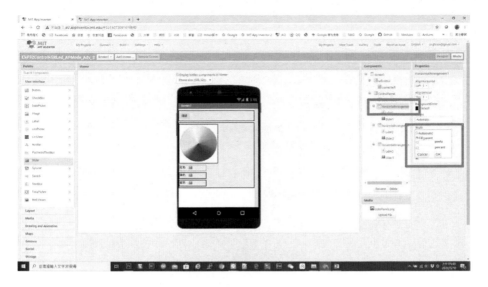

圖 312 設定 HorizontalArrangement1 之寬度最大

首先，如下圖所示，我們必須要先**設定 HorizontalArrangement2 之寬度最大**。

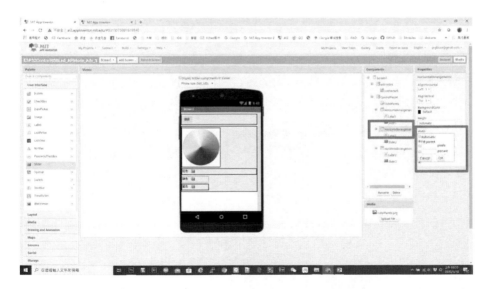

圖 313 設定 HorizontalArrangement2 之寬度最大

首先，如下圖所示，我們必須要先**設定 HorizontalArrangement3 之寬度最大**。

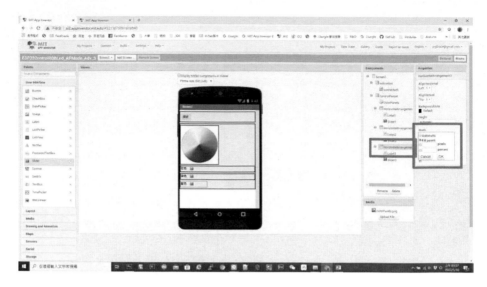

圖 314 **設定** HorizontalArrangement3 之寬度最大

首先，如下圖所示，我們必須要先**拉出 CheckBox**。

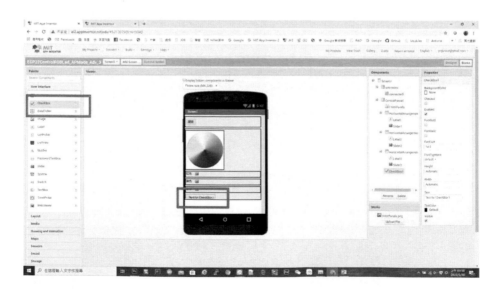

圖 315 **拉出** CheckBox

首先，如下圖所示，我們必須要先**變更 CheckBox 顯示文字**。

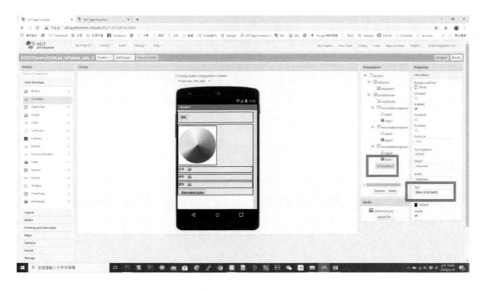

圖 316 變更 CheckBox 顯示文字

首先，如下圖所示，我們必須要先**拉出 Label 物件**。

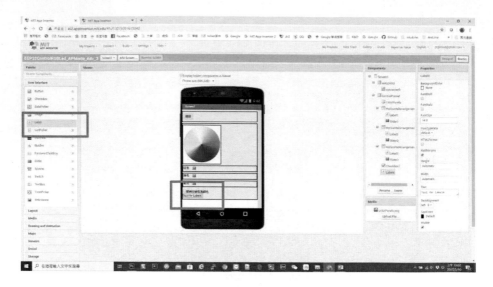

圖 317 拉出 Label 物件

首先，如下圖所示，我們必須要先**變更 Label 物件顯示文字**。

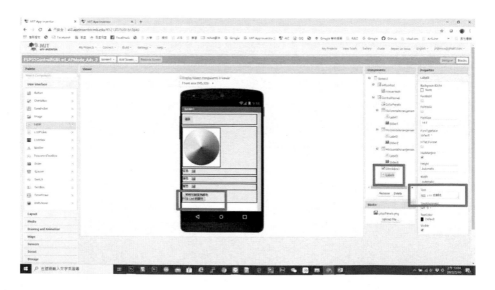

圖 318 變更 Label 物件顯示文字

首先，如下圖所示，我們必須要先**變更 Label 物件寬度為最大**。

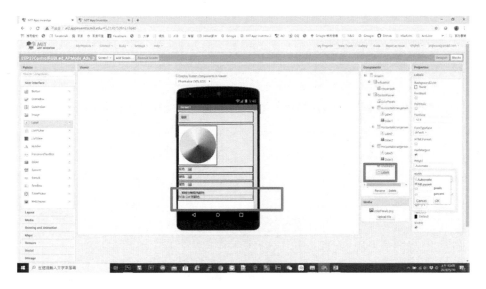

圖 319 變更 Label 物件寬度為最大

首先，如下圖所示，我們必須要先**改變 CheckBox 名稱**。

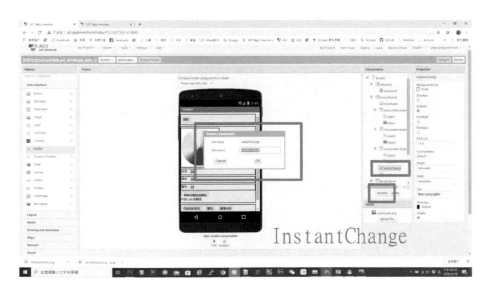

圖 320 改變 CheckBox 名稱

控制列設計

系統主操作設計

首先，如下圖所示，我們必須要先**拉出** HorizontalArrangement。

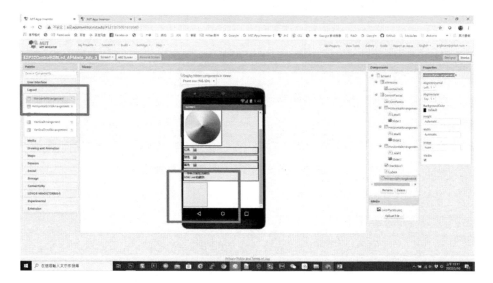

圖 321 **拉出** HorizontalArrangement

首先，如下圖所示，我們必須要先**變更** HorizontalArrangement 名稱。

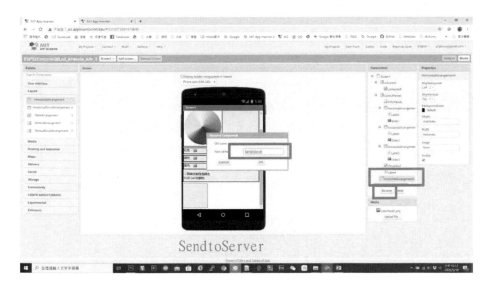

SendtoServer

圖 322 變更 HorizontalArrangement 名稱

首先，如下圖所示，我們必須要先**變更** HorizontalArrangement **寬度為最大**。

圖 323 變更 HorizontalArrangement 寬度為最大

首先，如下圖所示，我們必須要先**拉出三個 Button**。

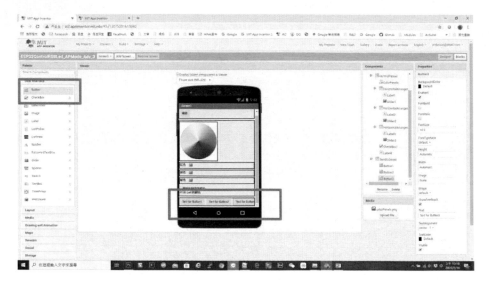

圖 324 拉出三個 Button

首先，如下圖所示，我們必須要先**改變 Button1 的顯示文字為『改變燈的顏色』**。

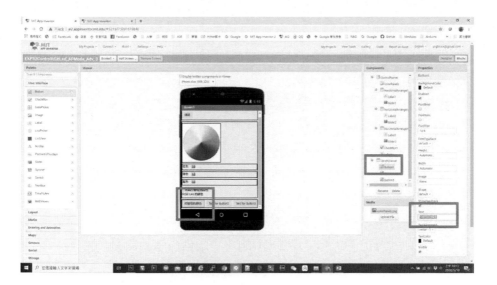

圖 325 改變 Button1 的顯示文字

首先,如下圖所示,我們必須要先改變 Button2 的顯示文字為『關燈』。

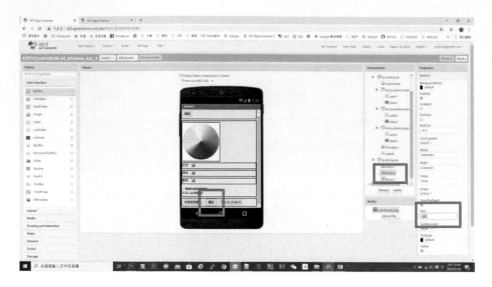

圖 326 改變 Button2 的顯示文字

首先，如下圖所示，我們必須要先**改變 Button3 的顯示文字為『離開系統』**。

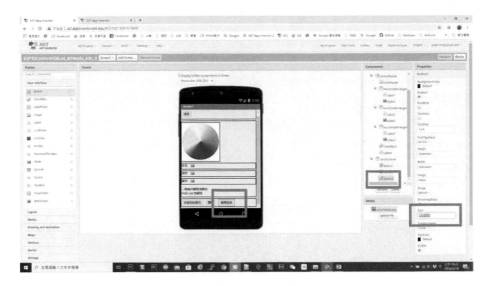

圖 327 改變 Button3 的顯示文字

Debug 顯示設計

顯示除錯訊息

首先，如下圖所示，我們必須要先拉出 Label 物件。

圖 328 拉出 Label 物件

首先，如下圖所示，我們必須要先**變更 Label 物件之名稱**。

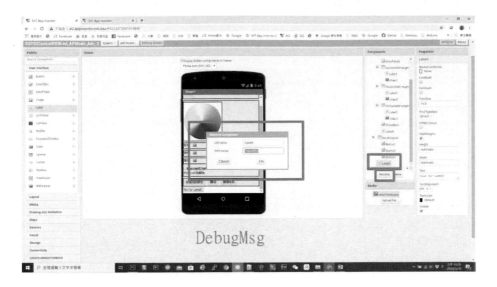

圖 329 變更 Label 物件之名稱

首先，如下圖所示，我們必須要先**變更 Label 物件之寬度為最大**。

圖 330 變更 Label 物件之寬度為最大

系統元件設計

匯入擴充元件

如下圖所示，我們進行 TCPIP 擴充元件安裝與使用，將之拉到畫面中就可以，拉完後可以在畫面下方出現 TCP 擴充元件，因為 TCP 擴充元件是不可視元件，所以該 TCP 擴充元件不會出現在畫面上，會出現在畫面下方。

首先，如下圖所示，我們必須要先**打開擴充元件**。

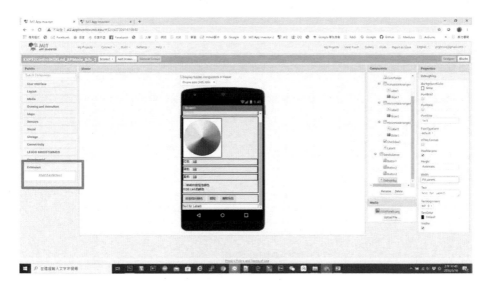

圖 331 打開擴充元件

首先，如下圖所示，出現擴充元件盒。

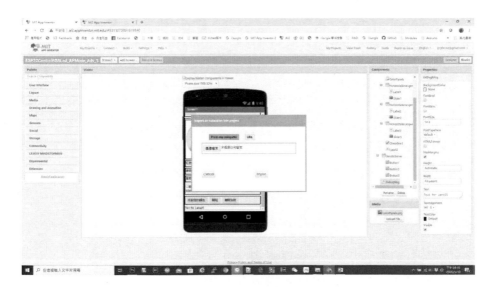

圖 332 出現擴充元件盒

首先，如下圖所示，我們必須要先**插入 TCP 擴充元件**。

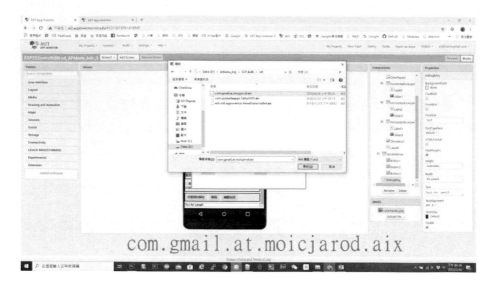

圖 333 **插入 TCP 擴充元件**

首先，如下圖所示，我們必須要先**將 TCP 擴充元件插入系統**

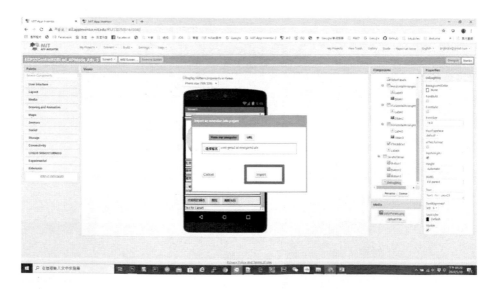

圖 334 **將 TCP 擴充元件插入系統**

首先，如下圖所示，TCP 擴充元件已匯入系統。

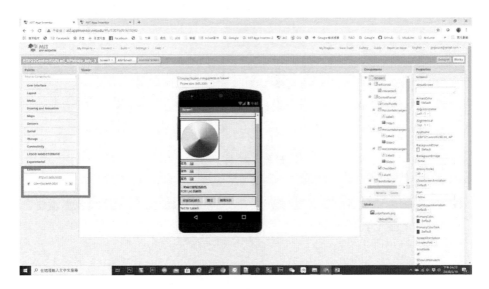

圖 335 TCP 擴充元件已匯入系統

使用 TCP 元件

首先，如下圖所示，我們必須要先**打開擴充元件**。

圖 336 打開擴充元件

首先，如下圖所示，我們必須要先使用 TCP 元件。

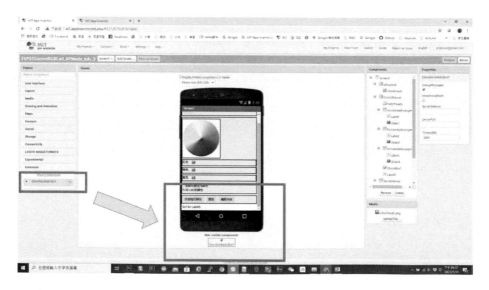

圖 337 使用 TCP 元件

首先，如下圖所示，我們必須要先**變更 TCP 元件之名稱為** TCP。

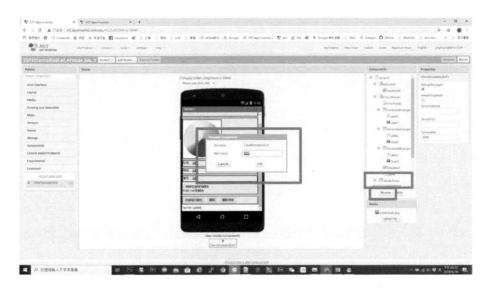

圖 338 變更 TCP 元件之名稱為 TCP

對話盒元件設計

使用對話盒元件

首先，如下圖所示，我們必須要先**打開一般元件**。

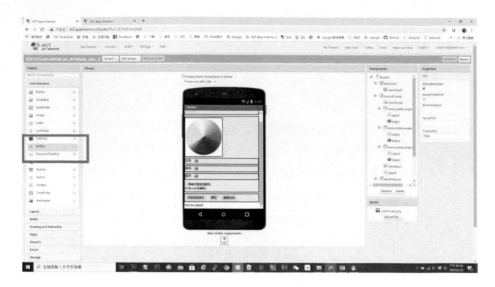

圖 339 打開一般元件

首先，如下圖所示，我們必須要先使用**對話盒元件**。

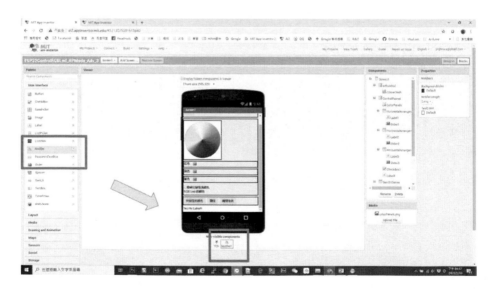

圖 340 使用對話盒元件

APP 系統設計

變更 APP 抬頭名稱

首先，如下圖所示，我們必須要先**變更 APP 抬頭名稱**。

圖 341 變更 APP 抬頭名稱

變更 APP icon

首先，如下圖所示，我們必須要先**準備上傳 icon 資源**。

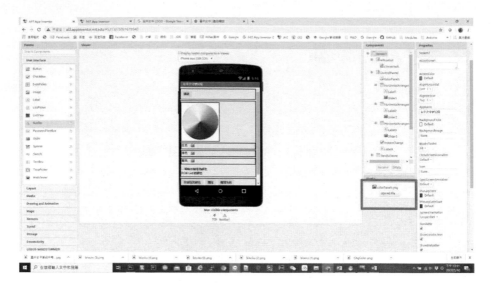

圖 342 準備上傳 icon 資源

首先，如下圖所示，我們必須要準備上傳 icon 資源。

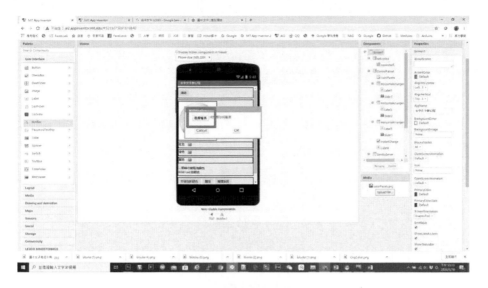

圖 343 準備上傳 icon 資源

首先，如下圖所示，我們必須要先**選擇要上傳的圖檔**。

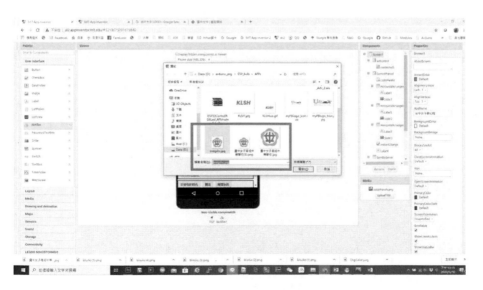

圖 344 選擇要上傳的圖檔

首先，如下圖所示，我們必須要啟動上傳。

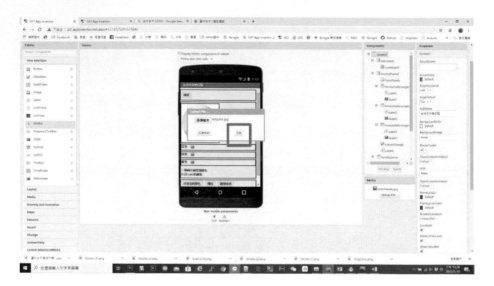

圖 345 啟動上傳

首先，如下圖所示，我們完成上傳圖檔。

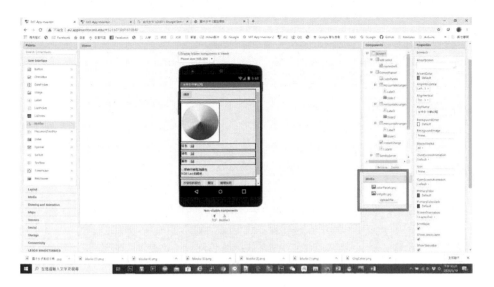

圖 346 完成上傳圖檔

首先，如下圖所示，我們必須要先**選擇 icon 圖檔**。

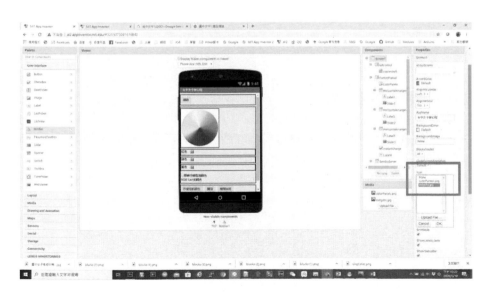

圖 347 選擇 icon 圖檔

首先，如下圖所示，我們必須要先**完成 app_icon 圖檔**。

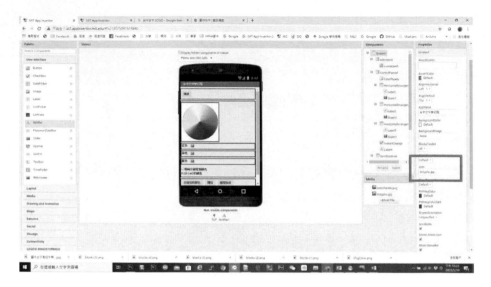

圖 348 完成 app_icon 圖檔

控制程式開發-初始化

切換程式設計視窗

如下圖所示，我們為了編修程式，請點選如下圖所示之紅框區『Blocks』按鈕。

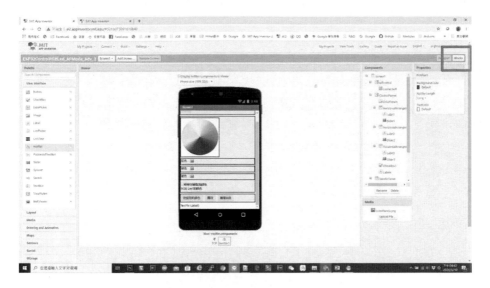

圖 349 切換程式設計模式

如下圖所示，下圖所示之紅框區為 App Inventor 2 的程式編輯區。

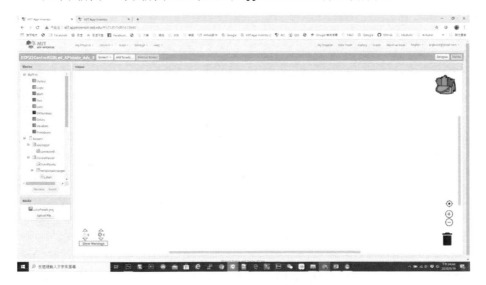

圖 350 程式設計模式主畫面

控制程式開發-建立變數

如下圖所示，我們在 App Inventor 2 的程式編輯區，我們先行建立變數。

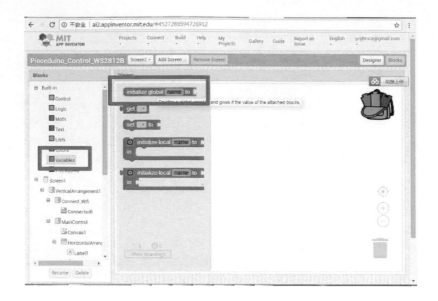

圖 351 建立變數

如下圖所示，建立 BTWord 變數。

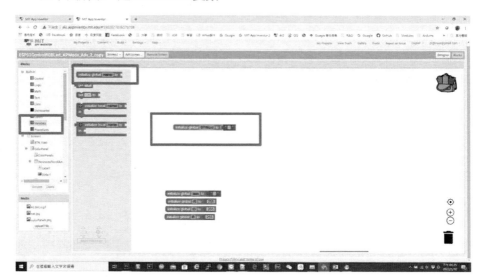

圖 352 建立 BTWord 變數

如下圖所示，我們將 BTWord 變數內容***設為空字串***。

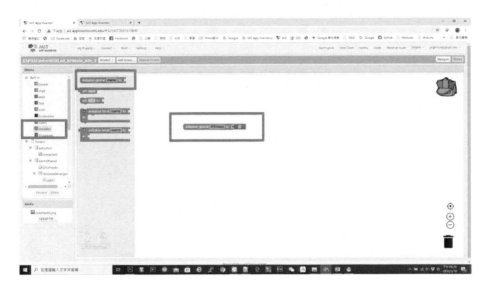

圖 353 填入 BTWord 變數內容設為空字串

如下圖所示，我們建立建立 RGB 三原色變數，並將其***預設值設為 255***。

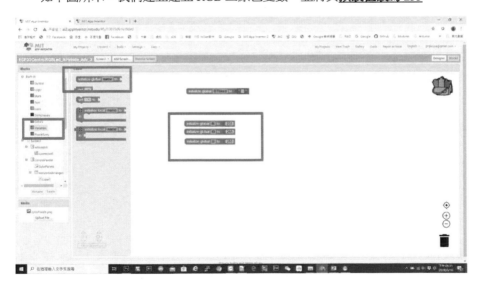

圖 354 建立 RGB 三原色變數

如下圖所示，我們建立調色盤變數，並將其***預設值設為 255***。

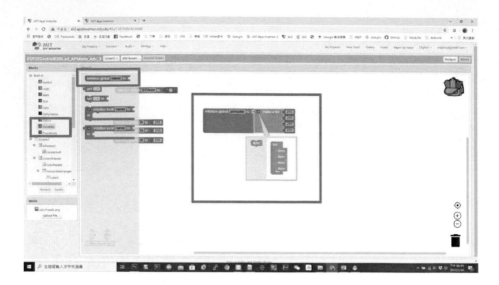

圖 355 建立調色盤變數

以上我們完成系統變數的設定。

控制程式開發-設定主畫面

Screen 系統初始化

如下圖所示,我們在 App Inventor 2 的程式編輯區,設定主畫面預設環境。

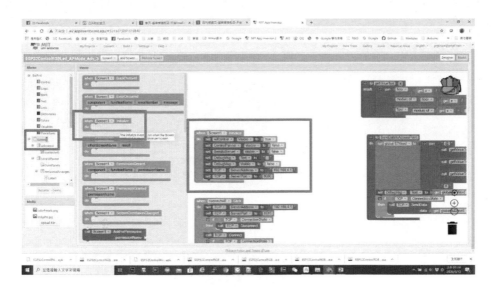

圖 356 設定主畫面預設環境

建立共用函數

如下圖所示，我們將建立**使用者函式**，首先先建立 getValueText **函數**。

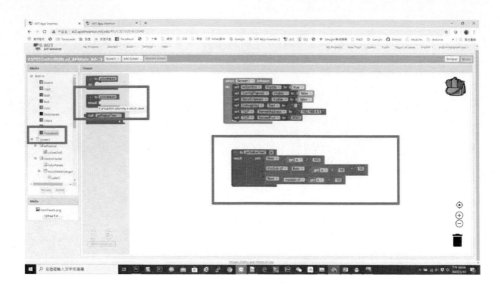

圖 357 建立 getValueText 函數

如下圖所示，建立 SendDatatoAccessPoint 函數

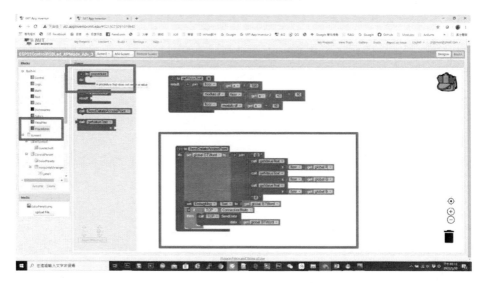

圖 358 建立 SendDatatoAccessPoint 函數

如下圖所示，我們建立 DisplayColor 函數。

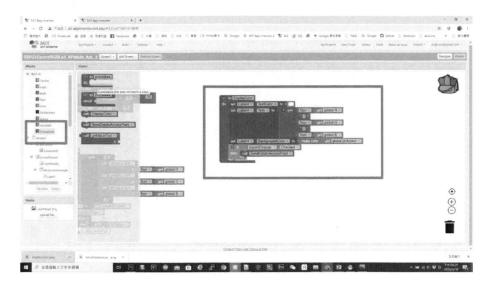

圖 359 建立 DisplayColor 函數

如下圖所示，我們建立 ChgColor 函數。

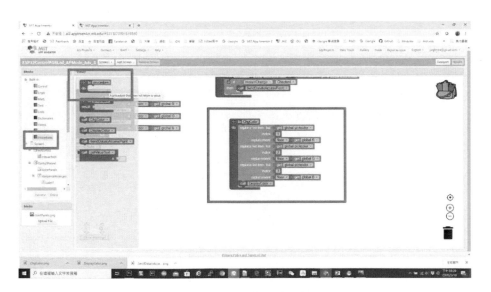

圖 360 建立 ChgColor 函數

如下圖所示，我們建立 SetSlidenumber 函數。

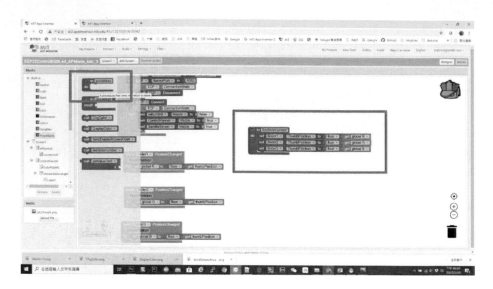

圖 361 建立 SetSlidenumber 函數

如下圖所示，我們建立 TurnOff 函數。

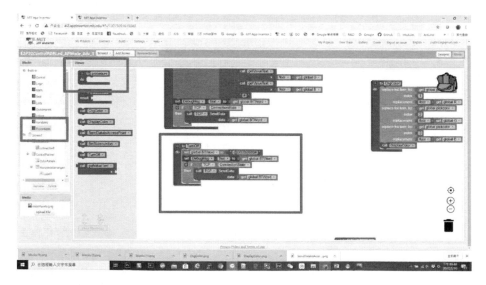

圖 362 建立 TurnOff 函數

使用者互動設計

連接網路之氣氛燈泡

如下圖所示，我們建立點擊 connectwifi 事件。

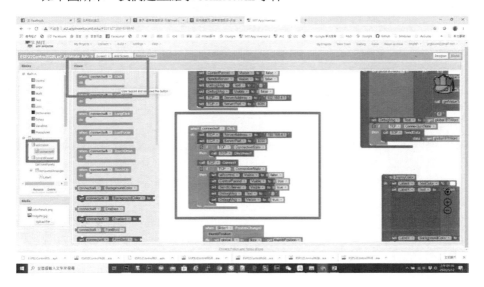

圖 363 點擊 connectwifi 事件

改變顏色 Bar

如下圖所示，我們建立控制紅色顏色的控制程式。

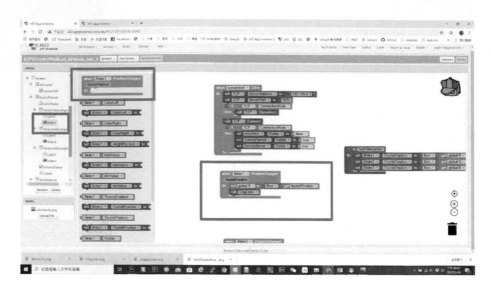

圖 364 控制紅色顏色的控制程式

如下圖所示，我們建立控制綠色顏色的控制程式。

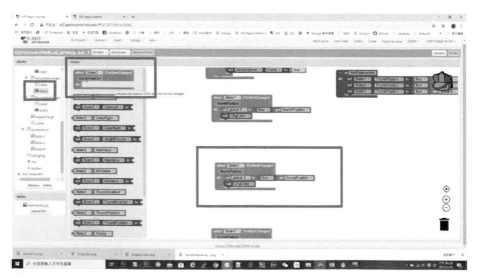

圖 365 控制綠色顏色的控制程式

如下圖所示，我們建立控制藍色顏色的控制程式。

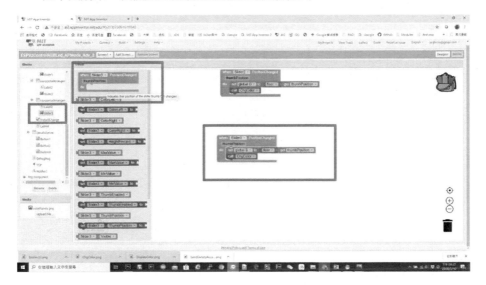

圖 366 控制藍色顏色的控制程式

如下圖所示，我們建立觸動色盤事件。

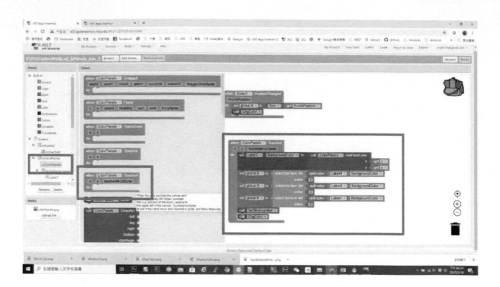

圖 367 觸動色盤事件

控制列程式設計

如下圖所示，我們建立改變顏色事件。

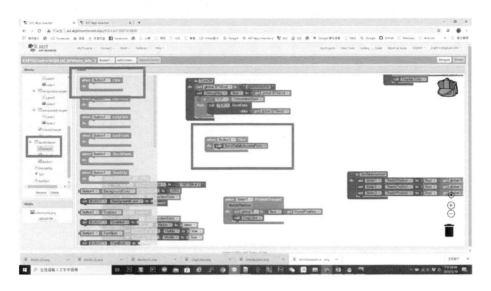

圖 368 改變顏色事件

如下圖所示，我們建立關燈事件。

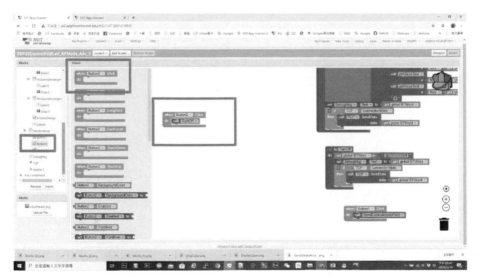

圖 369 關燈事件

如下圖所示，我們建立離開系統事件。

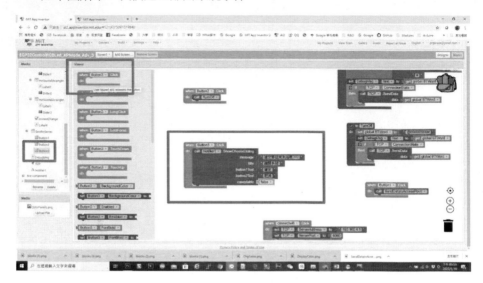

圖 370 離開系統事件

如下圖所示，我們建立選擇對話窗程式設計。

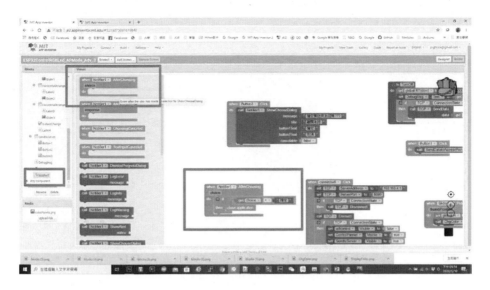

圖 371 選擇對話窗程式設計

系統測試-啟動 AICompanion

手機測試

首先，如下圖所示，我們在 App Inventor 2 程式模塊編輯畫面之中，在『Connect』的選單下，選取 AICompanion。

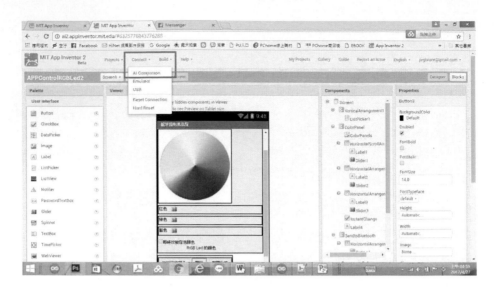

圖 372 啟動手機測試功能

掃描 QR Code

如下圖所示，系統會出現一個 QR Code 的畫面。

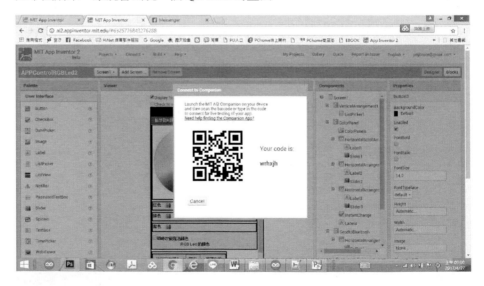

圖 373 出現一個 QR Code 的畫面

如下圖所示，我們在使用 Android 的手機、平板，執行已安裝好的『MIT App

Inventor 2 Companion』，點選之後進入如下圖。

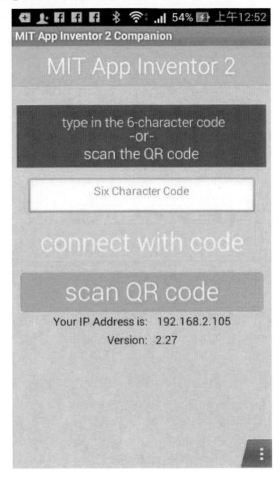

圖 374 啟動 MIT_AI2_Companion

如下圖所示，我們在選擇『scan QR code，點選之後進入如下圖。

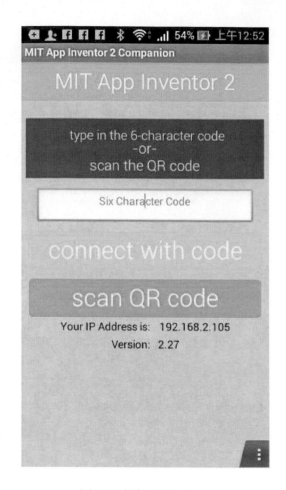

圖 375 掃描 QRCode

　　如下圖所示，手機會啟動掃描 QR code 的程式功能，這時後只要將手機、平板的 Camera 鏡頭描準畫面的 QR Code 就可以了。

圖 376 掃描 QRCodeing

　　如下圖所示，如果手機會啟動掃描 QR code 成功的話，系統會回傳 QR Code 碼到如下圖所示的紅框之中。

圖 377 取得 QR 程式碼

如下圖所示，我們點選如下圖所示的紅框之中的『connect with code』，就可以進入測試程式區。

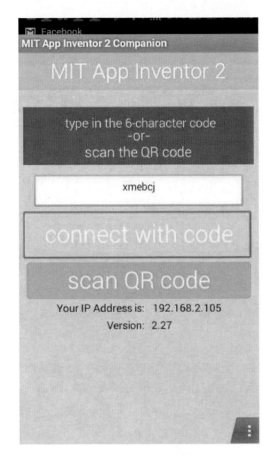

圖 378 執行程式

系統測試-進入系統

如下圖所示，如果程式沒有問題，我們就可以成功進入程式的主畫面。

圖 379 執行程式主畫面

連接氣氛燈泡

如下圖所示，我們先選擇『連接燈泡』來連接氣氛燈泡。

圖 380 連接氣氛燈泡

系統測試-控制 RGB 燈泡並預覽顏色

如下圖所示，如果連接氣氛燈泡成功，則會進入控制 RGB 燈泡的主畫面。

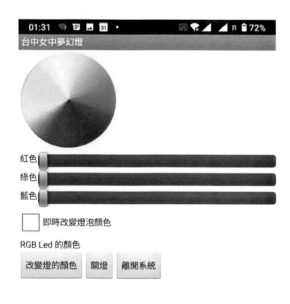

圖 381 系統主畫面

如下圖所示，我們進行測試變更顏色，看看系統回應如何。

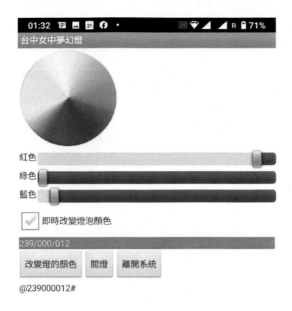

圖 382 測試變更顏色

系統測試-控制 RGB 燈泡並實際變更顏色

測試控制 RGB 燈泡

如下圖所示,我們進行測試變更顏色,看看系統回應如何,並將改變顏色透過手機 Wifi 裝置,傳送到 RGB 三原色混色資料到開發板上,進行 RGB LED 顏色變更,進而產生想要的顏色。

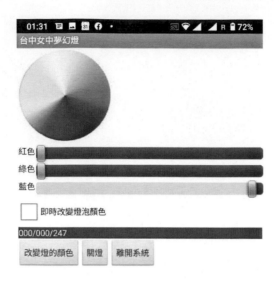

圖 383 顏色測試

如下圖所示，我們可以見到 WS2812B 全彩燈泡模組以變更對應的顏色。

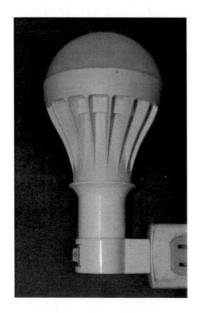

圖 384 燈泡測試顏色

系統測試

如下圖所示，如果我們要離開系統，按下下圖所示之『關燈』之按鈕，便可以關燈。

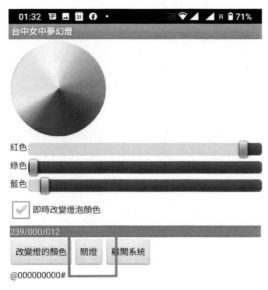

圖 385 關燈

如下圖所示，如果我們要離開系統，按下下圖所示之『離開系統』之按鈕，便可以離開系統。

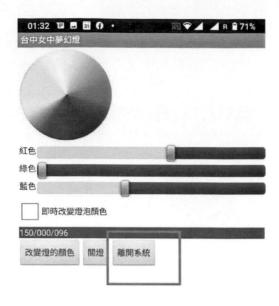

圖 386 按下離開按鈕

　　如下圖所示，會出現離開系統對話盒，問使用者是否要離開系統，按下下圖所示之『確定』之按鈕，便可以離開系統。

圖 387 離開系統對話盒

如下圖所示，如果離開系統後，我們就會回到桌面。

圖 388 回到桌面

章節小結

本章主要介紹之如何透過 APP Inventor 2 來增強原來 ESP32 開發板開發的氣氛燈泡系統，手機應用系統透過色盤版本的程式進階功能，並增加色盤方式選擇燈泡顏色，使整個手機應用系統更加完善，並更簡單 WS2812B 全彩燈泡模組。

透過本章節的解說，相信讀者會對連接、使用 APP Inventor 2 來攢寫專業級的手機應用系統，有更深入的了解與體認。

本書總結

在本書完筆之際，感謝慧手科技有限公司協助開發專用的 PCB 板與氣氛燈泡零件可以提供給使用者學習之用，需要的讀者可以參考作者介紹。

最後書攥寫期間，承蒙國立基隆高中楊志忠老師邀請筆者，於 2020 年 4 月 22 日與 4 月 29 日各開設二場教師研習課：物聯網實作課程-智慧家居之氣氛燈泡，並感謝主辦單位與參與老師與學員(參考附錄)。

更感謝國立台中女子高級中學圖書館主任 張仕東老師邀請筆者，於 2020 年 5 月 12 日至該校開設一場教師研習課：夢幻燈-教師研習，並感謝主辦單位與參與老師與學員(參考附錄)。

本系列叢書的特色是一步一步教導大家使用更基礎的東西，來累積各位的基礎能力，讓大家能更在 Maker 自造者運動中，可以拔的頭籌，所以本系列是一個永不結束的系列，只要更多的東西被製造出來，相信筆者會更衷心的希望與各位永遠在這條 Maker 路上與大家同行。

作者介紹

曹永忠 (Yung-Chung Tsao) ，國立中央大學資訊管理學系博士，目前在國立暨南國際大學電機工程學系與國立高雄科技大學商務資訊應用系兼任助理教授與自由作家，專注於軟體工程、軟體開發與設計、物件導向程式設計、物聯網系統開發、Arduino 開發、嵌入式系統開發。長期投入資訊系統設計與開發、企業應用系統開發、軟體工程、物聯網系統開發、軟硬體技術整合等領域，並持續發表作品及相關專業著作。

Email:prgbruce@gmail.com

Line ID：dr.brucetsao WeChat：dr_brucetsao

作者網站：https://www.cs.pu.edu.tw/~yctsao/myprofile.php

臉書社群(Arduino.Taiwan)：https://www.facebook.com/groups/Arduino.Taiwan/

Github 網站：https://github.com/brucetsao/

原始碼網址：https://github.com/brucetsao/ESP_Bulb

Youtube：https://www.youtube.com/channel/UCcYG2yY_u0m1aotcA4hrRgQ

許智誠（Chih-Cheng Hsu）

美國加州大學洛杉磯分校(UCLA)資訊工程系博士，曾任職於美國 IBM 等軟體公司多年，現任教於中央大學資訊管理學系專任副教授，主要研究為軟體工程、設計流程與自動化、數位教學、雲端裝置、多層式網頁系統、系統整合、金融資料探勘、Python 建置(金融)資料探勘系統。

Email: khsu@mgt.ncu.edu.tw

作者網頁：http://www.mgt.ncu.edu.tw/~khsu/

蔡英德 (Yin-Te Tsai)，國立清華大學資訊科學博士，目前是靜宜大學資訊傳播工程學系教授，靜宜大學資訊學院院長及靜宜大學人工智慧創新應用研發中心主任。曾擔任台灣資訊傳播學會理事長，台灣國際計算器程式競賽暨檢定學會理事，台灣演算法與計算理論學會理事、監事。主要研究為演算法設計與分析、生物資訊、軟體開發、智慧計算與應用。

Email:yttsai@pu.edu.tw

作者網頁：http://www.csce.pu.edu.tw/people/bio.php?PID=6#personal_writing

楊志忠(Chih-Chung Yang)，國立清華大學物理學系碩士，目前擔任國立基隆高中物理科專任教師，致力於物理科教學影音製作，近年投入自造者運動，導入專家學者資源動手改造傳統物理實驗量測、生活電器程式控制等。

Email:klsh121@klsh.kl.edu.tw

物理教學影音: http://podcast.klsh.kl.edu.tw/channels/524/episodes/4526?locale=zh_tw

附錄

NodeMCU 32S 腳位圖

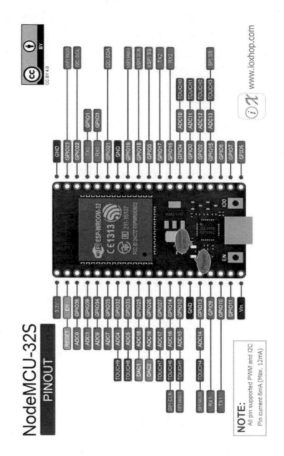

資料來源：espressif 官網：

https://www.espressif.com/sites/default/files/documentation/esp32_datasheet_en.pdf

P32-DOIT-DEVKIT 腳位圖

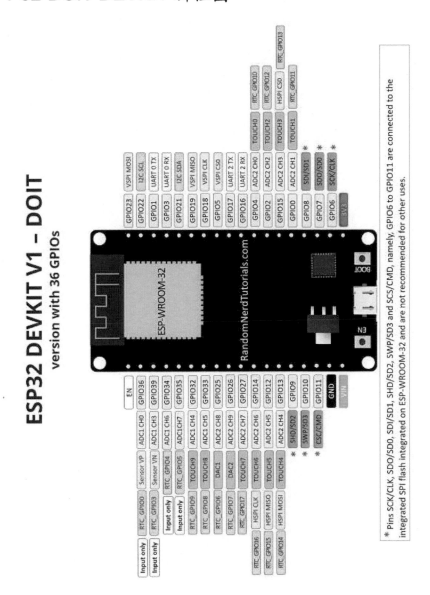

資料來源：espressif 官網：

https://www.espressif.com/sites/default/files/documentation/esp32_datasheet_en.pdf

燈泡變壓器腳位圖

输入

输出

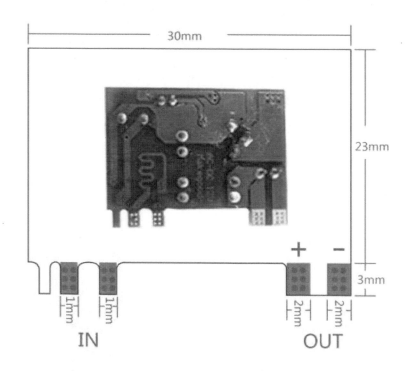

物聯網實作課程
智慧家居之氣氛燈泡

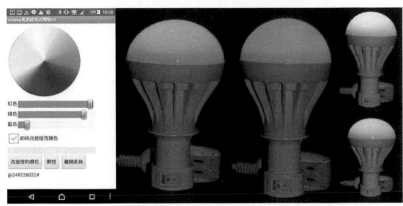

項目	內容	備註
主題	物聯網實作課程 智慧家居之氣氛燈泡	
日期	4/22 週三(場次一) 1200-1600 4/29 週三(場次二) 1200-1600 各場次依實際參與人員微調課程內容，歡迎多多參與	
流程	物聯網之智慧家居介紹 氣氛燈泡組裝 開發環境建置(使用 ESP32 開發板) 手機控制程式開發(APP Inventor)	敬備午餐， 請登記 素、葷、不 用餐
地點	基隆高中(基隆市暖暖區源遠路 20 號) 近八堵火車站；中山高八堵交流道下	
教室	圖書館一樓	
教具	ESP32 開發板 燈殼 電路板及相關配件(以上由辦理單位準備)	
自備	筆電(windows 為佳) Android 手機	
報名	楊志忠老師 0928871357 Klsh121@klsh.kl.edu.tw	20 人為限， 額滿為止

2020 年五月 12 日國立台中女子高級中學課程

3. 研習課程表

時間	05 月 12 日(二)
	課程內容
08：40~09：00	報到
09：00~10：00	硬體介紹 硬體組立 開發環境安裝 韌體安裝 手機開發介紹與開發環境安裝
10：00~10：10	休息
10：10~12：10	夢幻燈手機程式開發 成果展示
12：10~13：00	課後問卷及大合照 午餐時間

參考文獻

尤濬哲. (2019). ESP32 Arduino 開發環境架設（取代 Arduino UNO 及 ESP8266 首選）. Retrieved from https://youyouyou.pixnet.net/blog/post/119410732

曹永忠. (2016).【MAKER 系列】程式設計篇－ DEFINE 的運用. *智慧家庭*. Retrieved from http://www.techbang.com/posts/47531-maker-series-program-review-define-the-application-of

曹永忠. (2017). 智慧家居-透過 TCP/IP 控制家居彩色燈泡. *Circuit Cellar 嵌入式科技*(國際中文版 NO.6), 82-96.

曹永忠. (2020a). *ESP32 程式設計(基礎篇):ESP32 IOT Programming (Basic Concept & Tricks)* (初版 ed.). 台灣、彰化: 渥瑪數位有限公司.

曹永忠. (2020b). *ESP32 程式設計(基礎篇):ESP32 IOT Programming (Basic Concept & Tricks)* (初版 ed.). 台灣、彰化: 渥瑪數位有限公司.

曹永忠. (2020c, 2020/03/11). NODEMCU-32S 安裝 ARDUINO 整合開發環境. *物聯網*. Retrieved from http://www.techbang.com/posts/76747-nodemcu-32s-installation-arduino-integrated-development-environment

曹永忠. (2020d, 2020/4/9). WEMOS D1 WIFI 物聯網開發板驅動程式安裝與設定. *物聯網*. Retrieved from http://www.techbang.com/posts/77602-wemos-d1-wifi-iot-board-driver

曹永忠. (2020e, 2020/03/12). 安裝 ARDUINO 線上函式庫. *物聯網*. Retrieved from http://www.techbang.com/posts/76819-arduino-letter-library-installation-installing-online-letter-library

曹永忠. (2020f, 2020/03/09). 安裝 NODEMCU-32S LUA Wi-Fi 物聯網開發板驅動程式. *物聯網*. Retrieved from http://www.techbang.com/posts/76463-nodemcu-32s-lua-wifi-networked-board-driver

曹永忠. (2020g).【物聯網系統開發】Arduino 開發的第一步：學會 IDE 安裝，跨出 Maker 第一步. *物聯網*. Retrieved from http://www.techbang.com/posts/76153-first-step-in-development-arduino-development-ide-installation

曹永忠, 許智誠, & 蔡英德. (2014). *Arduino 光立体魔术方块开发: Using Arduino to Develop a 4* 4 Led Cube based on Persistence of Vision.* 台灣、彰化: 渥瑪數位有限公司.

曹永忠, 吳佳駿, 許智誠, & 蔡英德. (2016a). *Ameba 气氛灯程序开发*

(智能家庭篇):Using Ameba to Develop a Hue Light Bulb (Smart Home) (初版 ed.). 台湾、彰化: 渥瑪數位有限公司.

曹永忠, 吳佳駿, 許智誠, & 蔡英德. (2016b). *Ameba 氣氛燈程式開發 (智慧家庭篇):Using Ameba to Develop a Hue Light Bulb (Smart Home)* (初版 ed.). 台湾、彰化: 渥瑪數位有限公司.

曹永忠, 吳佳駿, 許智誠, & 蔡英德. (2016c). *Ameba 程式設計(基礎 篇):Ameba RTL8195AM IOT Programming (Basic Concept & Tricks)* (初版 ed.). 台湾、彰化: 渥瑪數位有限公司.

曹永忠, 吳佳駿, 許智誠, & 蔡英德. (2016d). *Ameba 程序设计(基础 篇):Ameba RTL8195AM IOT Programming (Basic Concept & Tricks)* (初版 ed.). 台湾、彰化: 渥瑪數位有限公司.

曹永忠, 吳佳駿, 許智誠, & 蔡英德. (2017a). *Ameba 程式設計(物聯網 基礎篇):An Introduction to Internet of Thing by Using Ameba RTL8195AM* (初 版 ed.). 台湾、彰化: 渥瑪數位有限公司.

曹永忠, 吳佳駿, 許智誠, & 蔡英德. (2017b). *Ameba 程序设计(物联网 基础篇):An Introduction to Internet of Thing by Using Ameba RTL8195AM* (初 版 ed.). 台湾、彰化: 渥瑪數位有限公司.

曹永忠, 吳佳駿, 許智誠, & 蔡英德. (2017c). *Arduino 程式設計教學(技 巧篇):Arduino Programming (Writing Style & Skills)* (初版 ed.). 台湾、彰化: 渥瑪數位有限公司.

曹永忠, 吳佳駿, 許智誠, & 蔡英德. (2017d). *蓝芽气氛灯程序开发(智 能家庭篇) (Using Nano to Develop a Bluetooth-Control Hue Light Bulb (Smart Home Series))* (初版 ed.). 台湾、彰化: 渥瑪數位有限公司.

曹永忠, 吳佳駿, 許智誠, & 蔡英德. (2017e). *藍芽氣氛燈程式開發(智 慧家庭篇) (Using Nano to Develop a Bluetooth-Control Hue Light Bulb (Smart Home Series))* (初版 ed.). 台湾、彰化: 渥瑪數位有限公司.

曹永忠, 張程, 鄭昊緣, 楊柳姿, & 楊楠. (2020). *ESP32S 程式教學(常用 模組篇):ESP32 IOT Programming (37 Modules)* (初版 ed.). 台湾、彰化: 渥瑪 數位有限公司.

曹永忠, 許智誠, & 蔡英德. (2014a). *Arduino 手搖字幕機開發:The Development of a Magic-led-display based on Persistence of Vision* (初版 ed.). 台灣、彰化: 渥瑪數位有限公司.

曹永忠, 許智誠, & 蔡英德. (2014b). *Arduino 手摇字幕机开发: Using Arduino to Develop a Led Display of Persistence of Vision*. 台湾、彰化: 渥瑪數 位有限公司.

曹永忠, 許智誠, & 蔡英德. (2014c). *Arduino 光立體魔術方塊開發:The Development of a 4 * 4 Led Cube based on Persistence of Vision* (初版 ed.). 台 灣、彰化: 渥瑪數位有限公司.

曹永忠, 許智誠, & 蔡英德. (2014d). *Arduino 旋转字幕机开发: Using*

Arduino to Develop a Propeller-led-display based on Persistence of Vision. 台灣、彰化: 渥瑪數位有限公司.

曹永忠, 許智誠, & 蔡英德. (2014e). *Arduino 旋轉字幕機開發: The Development of a Propeller-led-display based on Persistence of Vision.* 台灣、彰化: 渥瑪數位有限公司.

曹永忠, 許智誠, & 蔡英德. (2015a). *Arduino 手机互动编程设计基础篇:Using Arduino to Develop the Interactive Games with Mobile Phone via the Bluetooth* (初版 ed.). 台湾、彰化: 渥瑪數位有限公司.

曹永忠, 許智誠, & 蔡英德. (2015b). *Arduino 手機互動程式設計基礎篇:Using Arduino to Develop the Interactive Games with Mobile Phone via the Bluetooth* (初版 ed.). 台湾、彰化: 渥瑪數位有限公司.

曹永忠, 許智誠, & 蔡英德. (2015c). *Arduino 实作布手环:Using Arduino to Implementation a Mr. Bu Bracelet* (初版 ed.). 台湾、彰化: 渥瑪數位有限公司.

曹永忠, 許智誠, & 蔡英德. (2015d). *Arduino 程式教學(入門篇):Arduino Programming (Basic Skills & Tricks)* (初版 ed.). 台湾、彰化: 渥玛数位有限公司.

曹永忠, 許智誠, & 蔡英德. (2015e). *Arduino 程式教學(常用模組篇):Arduino Programming (37 Sensor Modules)* (初版 ed.). 台湾、彰化: 渥玛数位有限公司.

曹永忠, 許智誠, & 蔡英德. (2015f). *Arduino 程式教學(無線通訊篇):Arduino Programming (Wireless Communication)* (初版 ed.). 台湾、彰化: 渥瑪數位有限公司.

曹永忠, 許智誠, & 蔡英德. (2015g). *Arduino 编程教学(无线通讯篇):Arduino Programming (Wireless Communication)* (初版 ed.). 台湾、彰化: 渥瑪數位有限公司.

曹永忠, 許智誠, & 蔡英德. (2015h). *Arduino 编程教学(常用模块篇):Arduino Programming (37 Sensor Modules)* (初版 ed.). 台湾、彰化: 渥玛数位有限公司.

曹永忠, 許智誠, & 蔡英德. (2015i). *Arduino 編程教学(入门篇):Arduino Programming (Basic Skills & Tricks)* (初版 ed.). 台湾、彰化: 渥玛数位有限公司.

曹永忠, 許智誠, & 蔡英德. (2016a). *Arduino 空气盒子随身装置设计与开发(随身装置篇): Using Arduino to Develop a Portable PM 2.5 Monitoring Device* (初版 ed.). 台湾、彰化: 渥瑪數位有限公司.

曹永忠, 許智誠, & 蔡英德. (2016b). *Arduino 空氣盒子随身装置設計與開發(随身装置篇) : Using Arduino to Develop a Portable PM 2.5 Monitoring Device* (初版 ed.). 台湾、彰化: 渥瑪數位有限公司.

曹永忠, 許智誠, & 蔡英德. (2016c). *Arduino 程式教學(基本語法*

篇):*Arduino Programming (Language & Syntax)* (初版 ed.). 台湾、彰化: 渥瑪數位有限公司.

曹永忠, 許智誠, & 蔡英德. (2016d). *Arduino 程序教学(基本语法篇) :Arduino Programming (Language & Syntax)* (初版 ed.). 台湾、彰化: 渥瑪數位有限公司.

曹永忠, 許智誠, & 蔡英德. (2017a). *Ameba 8710 Wifi 气氛灯硬件开发(智慧家庭篇) (Using Ameba 8710 to Develop a WIFI-Controled Hue Light Bulb (Smart Home Serise))* (初版 ed.). 台湾、彰化: 渥瑪數位有限公司.

曹永忠, 許智誠, & 蔡英德. (2017b). *Ameba 8710 Wifi 氣氛燈硬體開發(智慧家庭篇) (Using Ameba 8710 to Develop a WIFI-Controled Hue Light Bulb (Smart Home Serise))* (初版 ed.). 台湾、彰化: 渥瑪數位有限公司.

曹永忠, 許智誠, & 蔡英德. (2018). *Pieceduino 氣氛燈程式開發(智慧家庭篇): Using Pieceduino to Develop a WIFI-Controled Hue Light Bulb (Smart Home Serise)* (初版 ed.). 台湾、彰化: 渥瑪數位有限公司.

曹永忠, 郭晉魁, 吳佳駿, 許智誠, & 蔡英德. (2016). MAKER 系列-程式設計篇：多腳位定義的技巧(上篇). *智慧家庭*. Retrieved from http://www.techbang.com/posts/48026-program-review-pin-definition-part-one

曹永忠, 郭晉魁, 吳佳駿, 許智誠, & 蔡英德. (2017). *Arduino 程序設計教学(技巧篇):Arduino Programming (Writing Style & Skills)* (初版 ed.). 台湾、彰化: 渥瑪數位有限公司.

曹永忠, 蔡佳軒, 許智誠, & 蔡英德. (2015a). *Arduino 智慧电力监控(手机篇):Using Arduino to Develop an Advanced Monitoring Device of the Power-Socket* (初版 ed.). 台湾、彰化: 渥瑪數位有限公司.

曹永忠, 蔡佳軒, 許智誠, & 蔡英德. (2015b). *Arduino 智慧電力監控(手機篇):Using Arduino to Develop an Advanced Monitoring Device of the Power-Socket* (初版 ed.). 台湾、彰化: 渥瑪數位有限公司.

曹永忠, 蔡英德, 許智誠, 鄭昊緣, & 張程. (2020). *ESP32 程式設計(物聯網基礎篇:ESP32 IOT Programming (An Introduction to Internet of Thing)* (初版 ed.). 台湾、彰化: 渥瑪數位有限公司.

維基百科. (2016, 2016/011/18). 發光二極體. Retrieved from https://zh.wikipedia.org/wiki/%E7%99%BC%E5%85%89%E4%BA%8C%E6%A5%B5%E7%AE%A1

Wifi 氣氛燈程式開發 (ESP32 篇)
Using ESP32 to Develop a WIFI-Controlled Hue Light Bulb (Smart Home Series)

作　　者：曹永忠、楊志忠、許智誠、蔡英德 著

發行人：黃振庭

出版者：崧燁文化事業有限公司

發行者：崧燁文化事業有限公司

E-mail：sonbookservice@gmail.com

粉絲頁：https://www.facebook.com/
sonbookss/

網　　址：https://sonbook.net/

地　　址：台北市中正區重慶南路一段六十一號八
樓 815 室

Rm. 815, 8F., No.61, Sec. 1, Chongqing S. Rd.,
Zhongzheng Dist., Taipei City 100, Taiwan

電　　話：(02) 2370-3310

傳　　真：(02) 2388-1990

印　　刷：京峯彩色印刷有限公司（京峰數位）

律師顧問：廣華律師事務所 張珮琦律師

國家圖書館出版品預行編目資料

Wifi 氣氛燈程式開發 . ESP32 篇 =
Using ESP32 to Develop a WIFI-
Controlled Hue Light Bulb
(Smart Home Series) / 曹永忠 ,
楊志忠 , 許智誠 , 蔡英德著 . -- 第
一版 . -- 臺北市：崧燁文化事業有
限公司 , 2022.03
　面；　公分
POD 版
ISBN 978-626-332-086-4(平裝)
1.CST: 微電腦 2.CST: 電腦程式語
言
471.516　111001404

定　　價：500 元

發行日期：2022 年 03 月第一版

◎本書以 POD 印製

官網

臉書